ステップアップ
JavaScript

フロントエンド開発の
初級 から 中級 へ進むために

サークルアラウンド株式会社
佐藤正志 小笠原寛 著

SHOEISHA

はじめに

　数ある書籍の中から本書を手に取っていただき、ありがとうございます。著者の2名は開発現場でコードを書く傍ら、プログラマのトレーニングを行ってスキルアップを促す仕事をしています。その中で獲得した学習のポイントを、まだ会ったことのないあなたにも届けるために書籍を執筆しました。

　本書はいわゆる入門書ではありません。「『JavaScript脱初心者を目指す方』が次のステップへ進む助け」となるべく2022年現在身につけるべきスキルセットを選定したものです。

　この「はじめに」と続く「本書の読み方」をご覧いただければ、あなたが本書を読むべきタイミングかわかると思います。ぜひご一読ください。

　JavaScriptは様々な環境において多くの外部ライブラリ等と共に活用されています。しかし本書では周辺の内容は最小限に留め「JavaScriptの言語を身につけ、ブラウザの機能を駆使して自信を持って実装できるようになること」を中心に据えています。移り変わりの激しいライブラリを追いかけるよりも、言語そのものの十分な理解を得ることが費用対効果の高い学びとなります。

　JavaScriptはとっつきやすい言語でありますが、さらに深く踏み込んでいくと理解が難しい機能や概念があることに気づくでしょう。例えば、

- 非同期のためのasync/awaitやPromise（ステップ8、p.187）
- thisキーワードの指すオブジェクトの規則（ステップ4-3、p.96）
- プリミティブ型、オブジェクト型の扱いの違いや参照について（ステップ7-5、p.175）
- クロージャのような他言語ではあまり見られない仕組み（ステップ7-3、p.165）

など、もしかしたら既に学習して苦しい思いをしている人がいるかもしれません。本書ではこのような「大事な機能であり、皆が一度は理解に苦しむトピック」の解説に多くの分量を割いています。ぜひ上述したトピックを拾い読みしていただき、手助けになりそうか確認してみてください。

　また、実際の開発現場では過去のトレンドを引きずって開発していることが多いです。しかしながら、言語仕様の新しいバージョンであるES6（ECMAScript 6、ES2015とも呼びます）から多くの追加機能が加わり、長くJavaScriptを書いていた人も新しい書き方に追随することが求められています。それを受け、最新のコードと過去のコードを比較する内容を含めるなど、学習後に仕事の現場でコードを書くことを想定しています。仕事において役に立ちそうな考え方はMEMOでも補足しました。

　言語習得の際には、アプリケーションを実際に作りながら学んでいくのが最も効果的です。本書では実際の使い方を把握できるよう、アプリケーションを作りながら学びます。これは私たちがトレーニングで普段から行っていることを模倣しています。

　本書が学習される皆さんと共に進む「伴走者」のような心強い一冊になれれば幸いです。

本書の読み方

　以下では本書と皆さんのミスマッチを防ぐための内容や、本書を読み進めるにあたって必要な心構えやルールについて記しています。

　特に「世界地図と学習の対象範囲」では学習の全体像や、本書が提供する価値について理解が深まるような内容をお伝えしていますので、ぜひご一読ください。誰のどんな学習段階でもフィットする万能の書籍というものはありません。本書が今のあなたに必要な書籍であるか確認してみてください。

　「本書で"提供されないもの"やその背景について」では、本書が提供していない（が、読者の皆さんが期待しそうな）内容について背景を記述しました。紙面の都合上カットしてしまったものもあります。ご理解いただければ幸いです。

世界地図と学習の対象範囲

　物事を学ぶのに「対象とするモノの全体像」を大まかに掴んでおくことは大事です。一口に「JavaScriptがわかる、書ける」と言っても様々な切り口があると思います。そこで、JavaScriptを学んでいく流れについての世界地図を表現してみました。

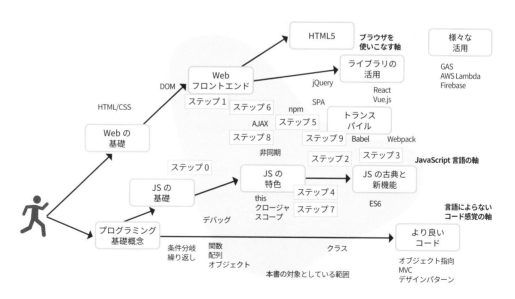

　右に向かうほど高度もしくは特化した内容を扱うように描いています。イメージとしては左側にいた初学者の方が様々な内容を理解することで右へ進んで行き、学習していくようなものです。

「Webの基礎」や「HTML5」のような大項目と共に、「DOM」や「AJAX」などの構成要素は小さめの文字で示しています。内容に依存関係があるような大項目は矢印で繋ぎました。このように見ていくとJavaScriptの学習には大きく分けて以下のような3つの軸があることが見えてきます。

1. DOMの扱いやHTML5の呼び出しなどを学習する「ブラウザを使いこなす軸」
2. JavaScript言語の特色や変遷を把握して言語を適切に使う「JavaScript言語の軸」
3. クラスや関数を使いこなし、コードの堅牢性や再利用性を追求する「言語によらないコード感覚の軸」

本書は、図中に青い背景を入れた「基礎を抜けた直後」の範囲をターゲットに、上記2で示した「JavaScript言語の軸」を中心に学んでいきます。「ステップ」として段階を踏んでレベルアップしていく進め方をしますので、各ステップと項目の関わりや距離感を図中に入れているので参考にしてください。

本書を読み終えた後に以下のような質問にYESと答えられるようになることを目指しているので、この辺りについて不安のある方にはマッチするはずです。

- this、クロージャ、スコープ等のJavaScriptの言語特性が理解できているか？
- const/let、アロー関数、クラスなどES6以降で使用頻度の高い文法を使いこなせているか？
- AJAX、async/awaitを使用しバックエンドと非同期に通信を行うことができるか？
- DOMの構造やイベント駆動を理解した上でコードを書けているか？

対象読者

本書は、以下のような読者を主な対象としています。

- 変数、条件分岐や繰り返しのようなプログラミングの基礎概念を既に理解している方
- JavaScriptにおける初学者向けの書籍で最低限の知識を吸収した上で、より実践的なコードを書けるようになりたい方
- 基本的なHTML/CSSの文法、概念を理解している方
- コマンドを使って簡単なターミナルの操作ができる方

● 網羅性

　世の中には多くのスタイルの書籍があると思いますが、本書は「全てを網羅的に同じ熱量で書いてある辞書的な書籍」ではありません。「よく使う機能や筆者が大切だと考える内容を、ポイントを絞って伝える書籍」として考えています。そのため「細かい仕様について詳細に説明されていること」を求めている方は別の書籍を探される方がマッチするでしょう。この観点であればインターネット上にも網羅的な内容のものは存在しています。JavaScriptの言語についてならばMDN※1のような素晴らしいWebサイトに詳細がまとまっています。

　私たちは「最新の正しく詳細な資料は常にインターネット上に存在する」と考えています。書籍はどんなに頑張っても古くなってしまうもので、この点においてインターネットに勝ることはできません。しかし、書籍を書くにあたって著者が込めた考え方や表現、学習のアプローチは普遍的な価値になるはずです。本書で重要なポイントや考え方を掴み、より詳細な内容を求める場合にはインターネット上の最新の文書や仕様を確認するような「学習と成長のサイクル」を獲得してほしいと願っています。

● ライブラリ・フレームワーク

　昨今のJavaScriptに関するトピックですと、ReactやVue.jsのようなライブラリやフレームワークを利用することが多くなってきました。残念ながら本書ではこのような外部パッケージの利用方法については触れていません。それよりも、これらを活用しようとする場合に必要な「基礎体力」の部分にフォーカスしています。「フレームワークを利用するのは良いが、基礎体力が足らないために思った動作にできず開発が進まない」というありがちな状態を打破するには、このようなアプローチが良いと考えています。

　また、ライブラリは移り変わりも激しいので、まず基礎体力を充実させてから時代に合わせて便利な仕組みを利用すると、学習結果を多くのシーンで生かすことができます。本書で学習したらぜひそれぞれの特化したライブラリを試してみてください。

　同様に、Webpackが登場してはいますがトランスパイルのサポートの文脈で紹介しており、本来のバンドラとしての利用に踏み込んでいません。現場開発においてバンドラを利用することは多いですが、これを理解し使いこなすのはより上級な内容であると判断したためです。

※1　MDN https://developer.mozilla.org/ja/

⚪ オブジェクト指向

　オブジェクト指向は現代のシステム開発において避けて通ることができないトピックであると思いますが、紙面の都合上クラスの紹介に留めています。大変奥深く興味深い分野でもありますので、ぜひ他の情報をあたって「より良いコード」を書いていけるような考え方を掴んでいただきたいです。

付録について

　付録には次のような内容を用意しています。ものによっては本編よりも濃い内容がありますのでぜひ読んでみてください。特に「コードがうまく動かない時・デバッグについて」は本書を読了する強い助けになるはずですので、はやめに一読いただければ幸いです。

- ● **付録A　コードがうまく動かない時・デバッグについて（p.256）**
  本書を進める際にコードをうまく動かせない時があると思います。便利に使えるツールやバグを潰す考え方を紹介していますので参考にしてください。

- ● **付録B　知っておくべき知識（p.270）**
  本書では触れられなかったセキュリティやSPA向けのライブラリの紹介等を行っています。

- ● **付録C　非同期処理の歴史**
  ステップ8でasync/awaitを中心に非同期処理を紹介していますが、ここに至るまでの過程をコールバック、Promiseと辿ってお伝えしています。

　付録Cについては本書付属データ（PDF）として提供しています。次のWebサイトからダウンロードできます。

```
https://www.shoeisha.co.jp/book/download/9784798169835
```

表記のルール

出力されるものの表記

　JavaScriptのコードを実行した場合にコンソール等に表示される文字列を表現する際、行中にコメントで「=>」に続けて書いています。

```
console.log('Hello'); // => Hello
```

　例えば上記の場合、実行するとコンソールに「Hello」と表示されることを表します。

コードの追加の表記

　コードを書き進めている場合、前のコードとの差分をハイライトして示している箇所があります。

```
console.log('Hello');
alert('TEST'); // 追加された行です
```

ターミナルの表記

　本書では、ターミナルアプリケーションを介してコマンドを使って操作する箇所があります。その操作の場合には行頭に「$」を示しておきますので、$は打たずに実行してください。

```
$ npm install
```

　例えばこの場合には、ターミナル上で「npm install」と打ち、Enterを押すことを想定しています。

実行環境

　最新の Google Chrome を推奨しています（執筆時のバージョン：91.0.4472.77）。動作の確認は主に macOS 11.3（Big Sur）上の Google Chrome にて行いました。

 ## サンプルファイルやサポートについて

　説明で利用しているコードのほとんどを

　　https://github.com/CircleAround/step-up-javascript

にて公開しています。最新のファイル群を Zip ファイルとしてダウンロードしたい場合には

　　https://github.com/CircleAround/step-up-javascript/archive/refs/heads/
　　main.zip

から行えます。
　また、学習における補足情報の提供や内容のサポートを

　　https://books.circlearound.co.jp

にて行います。こちらもご覧いただけると進めやすくなるでしょう。あわせてご活用ください。

学習時のマインド

　本文中の MEMO などでも都度お伝えしますが、プログラミングを学ぶのに持っておくと良い心構えがあるのでここに列挙しておきます。

1. 丸暗記しないようにしましょう。細かい書き方よりも概念を理解する方が大切です。
2. 「写しただけ」にしないようにしましょう。無心で写すのではなく、意味を把握しながら進めましょう。
3. 言語は道具の集まりです。それぞれの道具の組み合わせ方、仕組みを理解することを意識しましょう。
4. 書いたコードを説明できるようになりましょう。説明できる時は「理解できている」と言えます。

さぁ、準備はいいですか？

　これから一段ずつステップアップしていき、より高みに辿り着く訓練をしていきます。最初は簡単な確認やおさらいから始め、徐々に難しくなっていくので成長しながらついてきてください。

　よく理解している内容ばかりのステップは飛ばしても大丈夫ですが、もしもつまずいてしまうことがあれば前のステップを確認したり、付録に散りばめた道具や考え方を参考にしたりして突破を試みてください。大きなステップアップも小さな学習や行動の末に起こるものだと思います。焦らず少しずつ理解していきましょう。

　本書の訓練を終えた後、皆さんの理解が高まり、本書自体がいらなくなっていることが私たちの願いでもあります。完走まで一緒に頑張りましょう！

目次

STEP0　肩慣らし　　001

STEP1　動くアプリケーションを作ってみる　　019

STEP3　ES6で書いていく　071

STEP4　押さえておくべき JavaScriptの言語特性について　087

STEP8　非同期処理について知ろう　187

STEP9　トランスパイル　～レガシーブラウザへの対応～　205

STEP

0

肩慣らし

STEP 0 　このステップで学ぶこと

本ステップでは新しいことを学習するというよりも、基本的な事項の確認が中心です。本書を読み進める上での前提となっている知識や、最低限の理解を確認します。もしかしたら既に十分な理解がある内容も多いかもしれません。その場合には読み飛ばしていく程度でもかまいません。

ステップアップのながれ

0-1　JavaScriptの操作の基本を確認する

0-2　JavaScriptで表示を操作する

0-3　JavaScriptで複数の要素を操作する

JavaScriptの操作の基本を確認する

alertを表示する

　とにかく一度JavaScriptを動かしてみたいので、リスト **0-1-01** のようなHTMLを書いてみましょう。HTMLが書けたらブラウザに読み込ませてみてください。

DEMO https://books.circlearound.co.jp/step-up-javascript/demos/step0/1

0-1-01 　　　 **index.html**

```html
<!DOCTYPE html>
<html lang="ja">
<head>
  <meta charset="UTF-8">
  <title>Step0</title>
  <script>
    // scriptタグの中にJavaScriptのコードを書く
    alert('Hello');
  </script>
</head>
<body>
  こんにちは
</body>
</html>
```

　ブラウザに読み込ませる方法はいくつかありますが、例えば以下のような方法があるでしょう。他の方法も含めて慣れている方法で行っていただいて大丈夫です。

- 書いたファイルをブラウザのウィンドウにドラッグ＆ドロップする
- ファイルダイアログを開いて辿る。
  Windowsなら Ctrl + O 、Macなら Command + O で開く

　後半の課題になるとこの開き方では動作しないものがありますが、その際には適宜案内をします。
　さて、ファイルを無事に開いて実行できたでしょうか。アラートのウィンドウで「Hello」と

表示され、OKボタンを押した後、画面上に「こんにちは」と表示されれば問題なく実行できています。

「Hello」と表示される

「こんにちは」と表示される

　皆さんはHTMLやCSSについては既にある程度触ったことがあると思います。本書ではごくごく簡単なHTML/CSSしか使うことがなく、その書き方を説明することもありません。あくまでJavaScriptのコードを書くことに特化しています。

　ご自身の作成したアプリケーションを素敵に飾りたい場合にはHTML/CSSを別途学習していただければ幸いです。

開発者ツールを使ってみる

　ブラウザでJavaScriptを扱っていく上で開発者ツールは大変重要な機能です。ツールを開いてみましょう。最初なので少し丁寧にお伝えします。推奨環境のGoogle Chrome上の操作でお伝えしますが、他のブラウザにもそれぞれ同じ位置付けのものがあります。

開発者ツールを開く

開発者ツールにはいくつかの機能がありますが、よく使うのは以下の二つです。

- Elements タブ：現在画面に表示されている HTML を示す
- Console タブ ：JavaScript をその場で実行したり、JavaScript でエラーが起きた時にその詳細が表示される

　特に本書では Console タブを見ながら学ぶことが多いので馴染んでいきましょう。「コンソールに xxx と表示されます」というような形で促されるので、その時には Console タブを見れば良いのだとご理解ください。

　コンソール上で入力した JavaScript はその場で実行することができます。表示されている画面上に操作を反映することもできるので試してみましょう。

　コンソールの一番下の「>」が表示されているところに次のように入力して Enter を押してみます。

```
alert('こんにちは');
```

「こんにちは」と表示される

画面上に、「こんにちは」と書かれたアラートウィンドウが表示されれば成功です。

コンソールにログを表示する

　コンソールには JavaScript のコードからログを表示させる機能があります。先の index.html を編集してみましょう。alert を削除して、console.log という関数を入れます。

DEMO https://books.circlearound.co.jp/step-up-javascript/demos/step0/2

0-1-02	index.html

```
...
  <script>
   console.log('テストです');
   alert('Hello');
  </script>
...
```

　その上で改めてファイルをブラウザに読み込ませます。開発者ツールのConsoleタブを開くと「テストです」と表示されたでしょうか。もしもエラー表示が出ている場合は書き間違いがあるかもしれません。エラーの英語を読んだ上で対応してみてください。例えば、以下のようなところを確認してみると良いでしょう。

- consoleの後は「.」（ドット）
- 「テストです」という文字列以外は全て半角の文字
- 「テストです」という文字列を「'」（シングルクオーテーション）や「"」（ダブルクオーテーション）で囲むこと

　スペースも全て半角です。プログラミングでは基本的に半角の英数文字を使用します。単なる文字列として扱われるところには全角文字も利用することができます。

「テストです」と表示される

JavaScriptを外部ファイルとして呼び出す

　大抵JavaScriptはHTMLファイルの中ではなく、JavaScript専用のファイルを用意して書きます。リスト **0-1-04** のような要領です。

DEMO https://books.circlearound.co.jp/step-up-javascript/demos/step0/3

0-1-03	index.html

```html
<!DOCTYPE html>
<html>
<head>
  <meta charset="UTF-8"></meta>
  <title>Step0</title>
  <script>
    console.log('テストです');
  </script>
</head>
<body>
  こんにちは
  <script src="./main.js"></script>
</body>
</html>
```

(※ `<script>console.log('テストです');</script>` の3行は取り消し線で消されている)

0-1-04	main.js

```javascript
console.log('ファイル読み込みのテストです');
```

　index.htmlからmain.jsを読み込み、main.jsの中身ではconsole.logに表示をしました。動作としてはコンソールに表示される文章が変わっただけで他には変化がないはずです。

　scriptタグの位置ですが、HTMLの要素が画面に出揃ってからJavaScriptを動かすために、bodyタグの一番最後に呼び出しています※1。よく行われる手法なので覚えておくと良いでしょう。

※1　scriptタグはheadタグの中に書くことも多いですが、その際にはDOMContentLoadedイベントを利用するなどして、画面を操作するJavaScriptの実行のタイミングをHTMLが表示された後にします。それでは記述が冗長になるため、本書ではbodyタグの最後に呼び出す形で統一しています。

0

1

JavaScriptの操作の基本を確認する

STEP 0-2 JavaScriptで表示を操作する

innerHTMLで要素の中にHTMLを流し込む

　JavaScriptでできることの一つに「表示しているHTMLの構造をプログラムのコードで変化させることができる」というものがあります。詳しくはステップ1で確認しますが、簡単な操作を確認しておいてから進みましょう。新しく「要素」という言葉が出てきましたが「要素はブラウザに描画されたHTMLのタグのことである」と解釈しても今のところ大丈夫です。

　これを試すためにindex.htmlとmain.jsをそれぞれ編集します（リスト **0-2-01** **0-2-02** ）。

DEMO https://books.circlearound.co.jp/step-up-javascript/demos/step0/4

0-2-01 　　index.html

```
...
  こんにちは
  <div id="innerTest"></div>
  <script src="./main.js"></script>
...
```

0-2-02 　　main.js

```
console.log('ファイル読み込みのテストです');
var element = document.getElementById('innerTest'); ❶
element.innerHTML = '<strong>JavaScript</strong>で書きました'; ❷
```

　❶では、innerTestというidが付いている画面上の要素を取り出します。そのための関数がブラウザから提供されていて、document.getElementById([idの名前])という形で呼び出すことができます。

　結果elementという変数は、画面上の<div id="innerTest"></div>という要素のことを指し示します。

　❷では、elementで取り出した要素に備わっているinnerHTMLプロパティに変更を加えています。これによって、elementの中にHTMLを流し込むことができます。今回は「JavaScript

で書きました」という文字列を表示、さらに一部をstrongタグで強調した内容を流し込んでいます。

以上の操作によって画面のHTMLは次のように変化します。

```
<div id="innerTest"><strong>JavaScript</strong>で書きました</div>
```

画面をリロードして以下のように表示されていればここでの操作は成功です。

こんにちは
JavaScriptで書きました

「JavaScriptで書きました」と表示される

HTMLのタグの呼び方

HTMLのタグは、文脈によって様々な呼ばれ方をします。「要素」とも呼称しますし、「Element」、「Elementオブジェクト」とも呼ばれます。同じものを別の呼称で呼んでいることが多いです。ステップ1で整理しているので確認してみてください。
また、innerHTMLのようなプロパティは、オブジェクトが持っているデータのことを示します。

ここまでalert、document.getElementByIdやinnerHTMLのような「ブラウザが提供している機能」を利用してコードを書いています。言語だけではなく、ブラウザのような実行環境から提供されている機能も利用してコードが書けることを覚えておきましょう。

ボタンを押すイベントに対応する

ブラウザが提供している機能をもう少し確認しましょう。ボタンを押した時などの「ユーザからのイベント」に反応して何かコードを動かしたいことは多いです。その場合にはイベントが発生した時に動き出す関数「イベントリスナ（イベントハンドラとも呼びます）」を仕掛けます。

簡単な確認をしましょう。コードをリスト **0-2-03** **0-2-04** のように修正します。

```
0-2-03        index.html

...
  <div id="innerTest"></div>
  <button id="testButton">ボタンです</button>
  <script src="./main.js"></script>
...
```

```
0-2-04        main.js

...
element.innerHTML = '<strong>JavaScript</strong>で書きました';

var buttonElm = document.getElementById('testButton'); ❶
buttonElm.addEventListener('click', function() { ┐
  alert('ボタンが押されました');                        ❷
}); ────────────────────────────────────────────────┘
```

❶は先にも出てきた getElementById なので、buttonElm が画面のボタンを指すようになる という理解はしていただけるでしょう。

❷はボタンに addEventListener という関数を適用して、クリックイベントが発生した際の 処理を書いています。function(){} で囲まれた alert が「ボタンを押された時」に実行される処 理です。

結果、ボタンを押す度に、alert が実行されるようになります。

ボタンを押すと alert が表示される

本書を読み進めるとこの辺りの記述についても理解が進み、それぞれの動作を説明できるよ うになるはずです。

ADVICE うまく動かない時は

そろそろコード量が増えてきたので、書いたコードがすんなり動作しないことも出て
くるかもしれません。そういう場合への対処をまとめているので、p. 256の付録を確認
してみてください。

コードを全部見直すようなことをせずに "どこで誤ってしまったのか" を探すいくつか
の考え方や方法があります。短時間で思い通りのコードを仕上げられる上級者の方は、
この誤りを探すのが大変上手です。

大きな規模のソースコードや、複雑なエラーへの対応のポイントもこちらから学習で
きるはずです。

ロジックで判断して動きを変える

　ボタンを押下したことはプログラムで捕まえられるようになったので、何か処理を書いてみ
ましょう。簡単なお題として「入力された内容が偶数かどうかを判断する」というコードを書
いてみます（リスト 0-2-05 0-2-06 ）。

DEMO https://books.circlearound.co.jp/step-up-javascript/demos/step0/6

0-2-05　　index.html

```
...
  <div id="innerTest"></div>
  番号: <input type="text" name="number" id="number">
  <button id="testButton">ボタンです</button>
  <script src="./main.js"></script>
...
```

0-2-06　　main.js

```
...
buttonElm.addEventListener('click', function() {
  alert('ボタンが押されました'); // 削除
  var numberElm = document.getElementById('number');
  var val = numberElm.value; ❶
  var num = parseInt(val); ❷
  if (num % 2 == 0) { ❸
    alert('偶数です');
```

```
  } else {
    alert('偶数ではありません');
  }
});
...
```

numberElmはこれまで同様にgetElementByIdで取得しました。

今回は画面上のinputタグを取ってきているので、valueというプロパティにはユーザが入力した文字列が入っています。この値をvalという変数に入れました（❶）。

❷で利用しているparseIntという関数は「引数の文字列を数値型に変換する」というものです。これを使って、num変数には「ユーザの入力値を数値に変換したもの」が入ります。

❸はif文を利用して、偶数かどうかで処理を分けます。「num % 2」という形で利用している%演算子（剰余演算子）は「numが2で割り切れる数値であれば0を返す」というものです。そのためこの結果を==という比較演算子でチェックしています[※2]。0との比較なので「2で割り切れる（つまり偶数）であれば真」となり、ifのブロックが実行されます。2で割り切れない場合にはelse以下のブロックが実行されます。

無事に偶数の判断処理が書けたでしょうか。

※2　本格的なコードでは入力が数値でない場合をエラーとして処理するなどありそうですが、今の確認としては重要ではないのでチェックを控えています。

JavaScriptで複数の要素を操作する

配列と繰り返し処理

　次は、配列と繰り返し処理を確認しましょう。fruitsという文字列の配列を使って、画面に
ul>liのタグを生成します（リスト **0-3-01** **0-3-02** ）。

DEMO https://books.circlearound.co.jp/step-up-javascript/demos/step0/7

0-3-01	index.html

```
...
  <button id="testButton">ボタンです</button>
  <ul id="arrayTest"></ul>
  <script src="./main.js"></script>
...
```

0-3-02	main.js

```
...
    alert('偶数ではありません');
  }
});

var fruits = ['りんご', 'もも', 'みかん']; ❶
var fruitsStr = '';
for(var i = 0; i < fruits.length; i++) { ❷
  fruitsStr += '<li class="fruit">' + fruits[i] + '</li>'; ❸
}

var arrayElm = document.getElementById('arrayTest'); ❹
arrayElm.innerHTML = fruitsStr;
```

　❶の配列の文字列をそれぞれliタグに入れていきます。
　配列は複数の情報がまとまって入っている入れ物をイメージすると良いでしょう。配列内で
は0から始まる添字（インデクス）順に整理されます。添字を使うことでインデクスに対応す

る値を取り出すことができます。今回のfruits配列の場合には次の表のように整理できます。

fruits配列

インデックス（数値）	値（文字列）	取り出し方
0	りんご	fruits[0]
1	もも	fruits[1]
2	みかん	fruits[2]

　配列にはlengthというプロパティがあり、これによって配列に入っている要素の数を取得することができます。つまりfruits.lengthは3を返します。
　この配列の中から値を順番に取り出して処理するのには❷のようにfor文がよく利用されます。

```
for(var i = 0; i < fruits.length; i++) { /* 繰り返したい処理 */ }
```

　上記の場合は変数iを0で初期化し、i < fruits.lengthの条件を満たす間、iに1ずつ数値を加算しつつ、繰り返したい処理を実行します。
　以上の確認をした上で、続きを読み進めましょう。

　fruitsStrというliタグの文字列が入る変数を用意しました。この文字列にliタグの表現を +=演算子で追記していきます（❸）。getElementByIdを使って取ってきたulタグの要素（❹）に出来上がった文字列をinnerHTMLで流し込みます。
　結果、りんご、もも、みかんがリスト形式で画面に表示されていれば成功です。

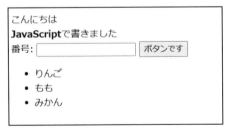

リスト形式で表示される

　以上で配列に入った内容をforで繰り返し取得することができることを確認しました。

HTML内にclass属性を付けて、その要素を操作することはよくあります。前の節の結果、fruitというclass属性の付いたliタグができているので、これを取り出して確認しましょう（リスト **0-3-03** ）。

DEMO https://books.circlearound.co.jp/step-up-javascript/demos/step0/8

0-3-03　main.js

```
var arrayElm = document.getElementById('arrayTest');
arrayElm.innerHTML = fruitsStr;

var fruitElms = document.getElementsByClassName('fruit'); ❶
for(var i = 0; i < fruitElms.length; i++) {
  var fruitElm = fruitElms[i];
  console.log(fruitElm.textContent); ❷
}
```

id属性と違い、class属性は画面に複数配置することができるため、class属性の名前を条件に指定すると複数の要素が取れる可能性があります。document.getElementsByClassNameを使うと、指定したclass属性が適用されている要素を全て取得します。

このような仕組みなので、❶で取得したfruitElmsはHTMLCollectionという「配列のような※3」操作ができるオブジェクトに複数の要素への参照が格納されています。

fruitElms

インデクス	画面上の要素	取り出し方
0	<li class="fruit">りんご</li>	fruitElms[0]
1	<li class="fruit">もも</li>	fruitElms[1]
2	<li class="fruit">みかん</li>	fruitElms[2]

今回は取得してきたfruitElmsにforで順番にアクセスして、<li>で囲まれたテキストをtextContentプロパティを使って取得し、コンソールに出力しました（❷）。以下のように出力されることを確認してください。

※3　HTMLCollectionは、配列と同様にlengthや[ ]演算子による要素アクセスなどが定義されていますが、厳密には要素専用に作られている別のオブジェクトです。
　　　HTMLCollection https://developer.mozilla.org/ja/docs/Web/API/HTMLCollection

ファイル読み込みのテストです
りんご
もも
みかん

<li>のテキストをコンソールに表示

また、class属性の指定が画面上に一つだけあって、それを取り出したいようなシーンもあります。その場合以下のような要領で一行で書いて、最初の一つの要素を取り出すことも多いので覚えておきましょう。

```
var fruitElm = document.getElementsByClassName('fruit')[0];
```

Object（連想配列）を使う

他の言語を扱ったことのある方は連想配列についてご存知かもしれません。配列同様のキーとバリューの組み合わせですが、キーに文字列を利用することができます。実際に確認してみましょう。

main.jsに続けてリスト **0-3-04** のように書いてみます。

DEMO https://books.circlearound.co.jp/step-up-javascript/demos/step0/9

0-3-04　　　**main.js**

```
var colorsObj = {
  red: 'あか', ❶
  green: 'みどり',
  'blue': 'あお' ❷
};

console.log(colorsObj);

console.log(colorsObj['red']); ❸
console.log(colorsObj.red); ❹
console.log(colorsObj.blue);
```

Objectを作成する場合には{}で囲み、キーとバリューを「:」（コロン）で区切ります。丁寧に書く場合やキーにスペースが含まれる場合などは'blue'のようにキーを文字列としてクオーテーションで囲むのですが（❷）、大抵の場合は❶のredのように囲まずに指定しても動作します。

colorsObj

キー	バリュー	取り出し方1	取り出し方2
red	あか	colorsObj['red']	colorsObj.red
green	みどり	colorsObj['green']	colorsObj.green
blue	あお	colorsObj['blue']	colorsObj.blue

　値を取り出す場合には❸のようにキーの文字列を[ ]で指定することで取り出せます。この記法には省略記法があり、❹のようにドットで繋げて書くことが可能です。大抵の場合にはこちらで書くとわかりやすいでしょう。

```
▼ Object 🛈
    blue: "あお"
    green: "みどり"
    red: "あか"
  ▶ [[Prototype]]: Object
あか
あか
あお
```

コンソールでcolorsObjを確認

　一度作ったオブジェクトの内容を変更したい場合には＝演算子を使って代入することで行えます。この時キーの指定は取得する場合と同様に[ ]で指定するスタイルでも、「.」で繋げるスタイルでも可能です（リスト **0-3-05**）。

0-3-05　　　**main.js**

```
colorsObj['red'] = 'レッド';
console.log(colorsObj.red); // => レッド

colorsObj.blue = 'ブルー';
console.log(colorsObj.blue); // => ブルー
```

　オブジェクト操作についてのコンソールを通して見ると、次のような結果になるでしょう。

```
▶ Object
あか
あか
あお
レッド
ブルー
›
```

オブジェクト操作の確認

おしまいに

ごくごく基本的なことを確認しましたが、問題なかったでしょうか。想定としては、この
ステップ0の内容程度は理解していて問題なくこなせる人が本書の対象の方です。この後
はより難しくなる一方なので、不安がある方はより易しい入門の書籍を読んだり、学習用
のWebサイトなどを確認したりしてみてください。

STEP

1

動くアプリケーションを
作ってみる

STEP 1　このステップで学ぶこと

肩慣らしはいかがだったでしょうか。ここからは実際に何か動くアプリケーションを作ってみましょう。作成を通して以下のようなことが学べます。既に丁寧な学習を行っている人も一通りのおさらいが行えるはずです。

- ボタンクリックなどのイベントへの応答、組み込み関数（言語や環境から提供されている標準的な関数のこと）の利用、DOM（Document Object Model）操作による画面の更新などの各要素をアプリケーションとしてひとまとめに繋げる体験をします。
- 少しずつ機能追加して都度確認しながら進める開発手法や、デバッグなどの「アプリケーション作成の基本的な流れ」を学びます。
- アプリケーション作成後、その経験を元にしつつDOMの概念についておさらいします。

ステップアップのながれ

1-1　仕様の確認〜簡単な動作確認をしよう

1-2　経過時刻をカウントし、見た目を整えよう

1-3　カウント停止を実現し、バグに対応しよう

1-4　ドンドン増えるログを出してみよう

1-5　リファクタリングして柔軟性を上げよう

1-6　DOM（Document Object Model）の概念を知ろう

仕様の確認〜簡単な動作確認をしよう

このステップで作るもの：簡単なストップウォッチ

　題材はブラウザ上で動くストップウォッチです。ごくごく簡単な機能しかありませんが、基本的な知識を確認しながら作るのであれば十分な内容になっています。このステップを終えると下記のようなものが完成します。

　動作するものが次のURLにあるので確認しておくと良いでしょう。

`DEMO` https://books.circlearound.co.jp/step-up-javascript/demos/step1

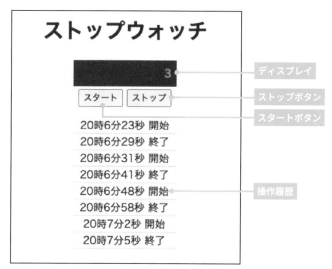

ストップウォッチの画面仕様

　仕様としては以下のようなものです。細々と記してありますが「これから手を動かしていくと最後にこのような動きになる」というイメージが伝わっていれば今は問題ありません。

1. 最初に画面を表示した時にはディスプレイに0が表示されています。
2. スタートボタンを押すと、1秒ごとにディスプレイの表示が0、1、2…（開始からの秒数）と増えていきます（カウントアップ状態と呼びます）。
3. カウントアップ状態の時にストップボタンを押すと、ディスプレイの表示がその秒数で停止します（停止状態と呼びます）。

4. 再度スタートボタンを押すと、ディスプレイの表示が改めて0に戻り、0、1、2…と増える、カウントアップ状態に戻ります。

5. カウントアップ状態になった時に、その時刻と「開始」という表示がストップウォッチの下に操作ログとして追記されます。

6. 停止状態になった時に、その時刻と「終了」という表示がストップウォッチの下に操作ログとして追記されます。

ボタンを表示しJavaScriptが動くことを確認する

ステップ0と同様に、ごく簡単なHTMLから始めましょう（リスト **1-1-01** **1-1-02** ）。最初からたくさんのコードを書いてしまうと、間違えてしまった時に誤りを見つけるのが困難になります。慣れないうちは少しずつコードを追加して都度確認するのが良いでしょう。

DEMO https://books.circlearound.co.jp/step-up-javascript/demos/step1/1

1-1-01　　　**index.html**

```html
<!DOCTYPE html>
<html lang="ja">
  <head>
    <meta charset="UTF-8">
    <title>Step1</title>
  </head>
  <body>
    <button class="startButton">スタート</button>
    <button class="stopButton">ストップ</button>
    <script src="./main.js"></script>
  </body>
</html>
```

1-1-02　　　**main.js**

```javascript
alert('test');
```

まずは適切にJavaScriptが動くのか確認するために、alertを動かしてみましょう。画面をリロードした時にalertで「test」と表示されたら大丈夫です。

「test」と表示される

ボタンにイベントリスナを仕掛ける

次はスタートボタンを押したイベントに対してリスナを仕掛けてみましょう（リスト **1-1-03** ）。startButtonを押す度に、コンソールにstartと表示されていればボタンを押したイベントが適切に取れていることが確認できます。

ここではおさらいもかねて、古くからの記法であるES5で進めます。この後のステップからはES5からES6へのステップアップを試みます。続けてご覧ください。

DEMO https://books.circlearound.co.jp/step-up-javascript/demos/step1/2

```
1-1-03        main.js

// startButtonというclassが付いているタグ要素のうち、
// 最初のもの（スタートボタン）を取り出す
var startButton = document.getElementsByClassName('startButton')[0]; ❶

// 取り出したstartButtonに対してクリックイベントのリスナを仕掛ける
startButton.addEventListener('click', function() {
  // この行はクリックした時呼ばれる
  console.log('start');
});
```

❶はステップ0で確認した内容と同様ですね。startButtonというclassが指定されている要素のうち最初のものを取り出しています。念のため流れを確認しましょう。

1. document.getElementsByClassName('startButton')で、HTMLのドキュメントから、startButtonというクラスが付いている要素を全て取得できます。
2. 取得してきた値は配列と同じように操作できるので、document.getElementsByClassName('startButton')[0]で、一番初めに画面に出てきた要素を取り出しました。
3. この要素は画面仕様でスタートボタンと呼んでいるボタンです。

startButton.addEventListenerでは、startButtonがクリックされた時のイベントリスナを仕掛けています。この箇所は対象のイベントが発生した時に動き出す仕組み（コールバック）になっています。

経過時刻をカウントし、見た目を整えよう

スタートボタンが押されたら一定時間ごとにイベントを呼び出す

　スタートボタンが押された時の動作を適切に作成していきましょう（リスト **1-2-01**）。ここでは一定時間ごとに処理を繰り返すことができるsetIntervalを使います。setIntervalは第一引数の関数の内容を、第二引数の時間の間隔で何度も呼び出してくれます。第二引数はミリ秒単位なので、ここでは1000を指定して、1秒ごとに呼び出されるようにします（❷）。

DEMO https://books.circlearound.co.jp/step-up-javascript/demos/step1/3

1-2-01	main.js

```
...
startButton.addEventListener('click', function(){
  console.log('start');
  var seconds = 0; ❶
  setInterval(function(){
    seconds++;
    console.log(seconds);
  }, 1000); ❷
});
```

　画面を更新してスタートボタンを押すと、コンソールにstartと表示された後、1、2、3…と表示されていくのが確認できるでしょうか。ストップウォッチの内部の動きとしてはできてきましたね。

```
|▶| |⬛|   Elements   Console   Sources   Network
|▷| |🚫|   top              ▼  |👁| Filter
start
1
2
3
4
5
6
7
8
9
10
```

「1、2、3…」と表示される

動作としては❶で定義したsecondsの値が、1秒ごとに6行目の++で1ずつ加算されていることを確認しておきましょう※1。

数えた秒数を画面に表示する

今までは表示をコンソールだけにしてしまったので、ブラウザ上の表示に何も変化がありませんでした。これでは寂しいので、秒数の数字をブラウザの画面に表示しましょう（リスト **1-2-02** ）。

DEMO https://books.circlearound.co.jp/step-up-javascript/demos/step1/4

```
1-2-02          index.html

<!DOCTYPE html>
<html lang="ja">
  ...
  <body>
    <div class="display">0</div> ❶
    <button class="startButton">スタート</button>
    ...
  </body>
</html>
```

スタートボタンの上にdivタグを入れて、classをdisplayとしました（❶）。初期値として0を表示しておきたいので0を入れています。

以下のJavaScriptのコード（リスト **1-2-03** ）では、この新しく追加した要素をdocument.getElementsByClassNameでdisplayElmとして取得してきます（❷）。setIntervalの中で、displayElmのinnerTextを呼び出すことで、タグに囲まれている文字列（HTML上の太字部分❶）を秒数の数字に変更しています（❸）。

```
1-2-03          main.js

var displayElm = document.getElementsByClassName('display')[0]; ❷
var startButton = document.getElementsByClassName('startButton')[0];
startButton.addEventListener('click', function(){
```

※1　そろそろコードの内容が複雑になってきたので、想定通りに動かせないこともあるのではないでしょうか。
　　　「コードがうまく動かない時」として付録（p.256）に対処方法をまとめておきましたので、対処を試みてみてください。

```
  console.log('start');
  var seconds = 0;
  setInterval(function(){
    seconds++;
    displayElm.innerText = seconds; ❸
    console.log(seconds);
  }, 1000);
});
```

その結果、スタートしてからの秒数が表示されることが確認できると思います。クラスdisplayの付いた要素に囲まれた値が0、1、2…と順番に増える動きが実現されました。残念ながら停止ができないのでリロードするしかありませんが、動きとしてはかなり望むものになってきたのではないでしょうか。

見た目を整える

動きが整ってきたので見栄えを少し良くしましょう。HTMLをリスト **1-2-04** のように修正して、CSSはこちらで用意したものを適用してみてください※2（リスト **1-2-05** ）。

DEMO https://books.circlearound.co.jp/step-up-javascript/demos/step1/5

1-2-04	**index.html**

```html
<html lang="ja">
  <head>
    <meta charset="UTF-8">
    <title>Step1</title>
    <link href="./main.css" rel="stylesheet">
  </head>
  <body>
    <h1 class="title">ストップウォッチ</h1>
    <div id="stopWatchPanel">
      <div class="display">0</div>
      <div class="actions">
```

※2　main.css https://github.com/CircleAround/step-up-javascript/blob/main/step1/main.css

```html
          <button class="startButton">スタート</button>
          <button class="stopButton">ストップ</button>
      </div>
    </div>
    <script src="./main.js"></script>
  </body>
</html>
```

1-2-05　　**main.css**

```css
.title {
  text-align: center;
}

#stopWatchPanel {
  margin: 0 auto;
  width: 10em;
}

.display {
  font-weight: bold;
  text-align: right;
  height: 1.5em;
  margin-bottom: .2em;
  padding: .5em;
  color: lightblue;
  background-color: black;
}

.actions {
  text-align: center;
  margin-bottom: 1em;
}

.message {
  text-align: center;
  border-bottom: 1px solid lightblue;
}
```

　少しアプリケーションらしくなってきたのではないでしょうか。出来上がってくると触るのも楽しくなってきますね!

アプリケーションの見た目を整える

カウント停止を実現し、バグに対応しよう

| ストップボタンが押されたらイベントを停止する

　見た目が整ってきて、アプリケーションらしい見た目になってきましたね。スタートボタンの基本的な動作は作ることができたので、今度はストップボタンの動作に手を付けていきましょう。

　ストップボタンの動作では、スタートボタンで動かし始めた setInterval ※3 を停止させることが必要です。その方法もブラウザから提供されています。順を追って確認していきましょう。まず、setInterval は呼び出した時に「開始した繰り返し処理を識別する数値」を返します（intervalIDと呼びます）。この数値を保持しておくことで、後で繰り返し処理を止めることができます。

　setIntervalにはいくつか書き方がありますが、よく使われる形としては以下のような利用方法です。このステップでもこちらに従って書いています。

```
var intervalID = setInterval([一定時間で動かしたい処理の入っている関数], [動作の間隔])
```

　そして、intervalIDを指定して clearInterval を呼び出すとその繰り返し処理を停止できます。

```
clearInterval(intervalID)
```

※3　setInterval https://developer.mozilla.org/ja/docs/Web/API/WindowOrWorkerGlobalScope/setInterval
WindowOrWorkerGlobalScope.setInterval() という名前で解説されていますが、WindowOrWorkerGlobalScopeはブラウザ上のwindowオブジェクトのことを含む概念なので、windowオブジェクトだと理解すると良いでしょう。windowオブジェクトは省略できるので setInterval を直接呼び出すことができます。

組み込み関数の調べ方

このような「JavaScriptやブラウザにどんな組み込み関数があって、どのように利用すればいいのか」という疑問については、MDN Web Docs（https://developer.mozilla.org/ja/）といったサイトが丁寧な文書を提供しています。MDNは著名なブラウザであるFirefoxを開発しているMozilla Foundationが提供しているものなので、正しさを求める際にはこちらを参照すると良いでしょう。

setInterval、clearIntervalを組み合わせてコードを書いていきます（リスト **1-3-01** ）。まず、intervalIDの数値を入れておくための変数としてtimerという変数を準備します（❶）。setIntervalの戻り値をtimerに代入しておくことで、intervalIDを持ち続けることができます（❷）。

`DEMO` https://books.circlearound.co.jp/step-up-javascript/demos/step1/6

1-3-01　　main.js

```
var displayElm = document.getElementsByClassName('display')[0];
var timer = null; ❶

var startButton = document.getElementsByClassName('startButton')[0];
startButton.addEventListener('click', function(){
  ...
  timer = setInterval(function(){ ❷
    ...
  }, 1000);
});

var stopButton = document.getElementsByClassName('stopButton')[0];
stopButton.addEventListener('click', function(){
  clearInterval(timer);                                        ❸
  timer = null;
});
```

timer変数に入っている値は次の表のようなルールにすると自然です。

timer変数のルール

アプリケーションの状態	timer変数の値
初期状態	null
カウントアップ状態	intervalIDとして扱われる何らかの数値
停止状態	null

特に停止状態にした時にtimerを初期状態のnullに戻しておくと、「timer変数に値が入っているならカウントアップ状態」ということがわかりやすくなります。少し難しい内容に取り組む前には、このような表を作ってみたりすると混乱せずに進められることが多いです。図を描いてみることも整理に役立ちます。

次に、ストップボタンを押した時のイベントリスナを実装しましょう。ボタンの要素を取得してくるところや、リスナを仕掛けるところはスタートボタンと同様です。ストップボタンをクリックされたらclearIntervalを呼び出して、timer変数にnullを代入します（❸）。

ブラウザをリロードしたら、スタート、ストップのボタンを交互に押して動作を確認してみてください。秒数がカウントアップされて、ストップで止めることができているでしょうか。

ADVICE

エラーメッセージは怖くない

アプリケーションの規模が大きくなってきたので、何かする度にうまく動かないことが増えてきていると思います。特に「ちょっとした書き間違いでコンソールに赤い文字が出ること」に嫌な気持ちを持ってしまう人もいるかもしれません。英語やよくわからない数字の羅列が続くとあまりコードを書かない方はびっくりしてしまうと思います。ですが、エラーメッセージは大変ありがたいものです。私たちは自分のコードがどこで間違えてしまったのか、手がかりなしにはなかなか探し当てることができません。エラーメッセージは「ここがうまく動かない！」ということを積極的に知らせてくれている機能なので、その内容を理解すると自分の間違いを素早く発見できます。
ステップ0でも紹介しましたが、付録（p.256）にうまく動かない時のチェックの方法や心構えをまとめています。ぜひ参考にしてください。

デバッグ（debug）する

ストップウォッチの大事な部分ができてきて使えるものになってきましたね！ところで、ボタンを色々といじっていると以下のような状況に出くわすのではないでしょうか。

- 稀にストップを押してもなぜかタイマーが止まらないで動き続けてしまう
- 稀にカウントアップが1秒以下のタイミングで起きてしまう
- どちらもリロードすると直る

これらは想定していない動きなので、バグ（bug）と呼んで良いでしょう。少なくともこのままでは実用に耐えないので直したいですね。このようなバグを突き止めて直すことをデバッグ（debug）と呼びます。

デバッグに使えるよくある手法や考え方は何通りかありますが、ここではconsole.logを使った「プリント・デバッグ」を行います。他にこのような状況では「ブレークポイント」が有用なことも多いので、両者を使い分けられると対応が素早くなるでしょう（p.259）。

> **MEMO**
>
> **bug、debug**
>
> 英語に詳しい方ならピンときたかもしれませんが、bugは虫の意味の英単語です。コードの中に邪魔な虫が紛れ込んでいるようなイメージでしょうか。また、英単語には接頭辞や接尾辞を付けて意味を変えたり補完したりするものがあります。de- は元の内容と逆の意味を付与することの多い接頭辞です。bugを駆除するのでdebugですね。
>
> 他にプログラミングでよく出合う言葉ではencodeの逆でdecode、attachの逆でdetachなどがあります。コードでよく使う英語を知っていると読みやすいプログラムを書けるようになるので、参考にしてみてください。

ボタンとタイマーの制御に関連するところが原因だと思うので、❶の「新しくタイマーが開始されたところ（関数の終了直前）」でログを出し、❷の「これからタイマーを止める場所」でもconsole.logを出しました（リスト **1-3-02** ）。どちらもtimerの値を確認できるようにしています。

DEMO https://books.circlearound.co.jp/step-up-javascript/demos/step1/7

```
1-3-02        main.js
...
startButton.addEventListener('click', function(){
  console.log('start'); // 削除
  ...
  console.log('start:' + timer); ❶
});


...
stopButton.addEventListener('click', function(){
  console.log('stop:' + timer); ❷
  ...
});
```

バグを再現する状態ができた時のconsole.logの結果（こういうものを動作の「ログ」と呼びます）は以下のようになりました。

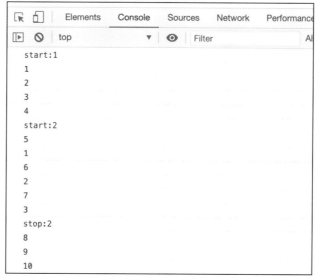

console.logの結果

今回の内容ですと「スタートを押して、ストップを押す前にさらにスタートを押す」とバグが起きるようです。バグは再現させるまでが大変ですが、再現できてその理由まで掴めると大きく前進できます。考え方を付録に入れておきましたので参考にしてください（p.268）。

プログラムの中の動きで表現すると、「タイマーが動いている最中に、さらにタイマーを起動した」時にバグが起こっていると解釈できます。タイマーの動作はtimer変数一つで管理しているので、連続でスタートボタンを押すと前のタイマーのintervalIDが上書きされて、先に動かしたタイマーを止められないのですね。

これは当初考えていた仕様になかったので、この場合の動作仕様を考えましょう。今回は簡単に次のような仕様にします。

- タイマーが動いている時にスタートボタンを押しても何もしない
- タイマーが止まっている時にストップボタンを押しても何もしない

先の表にボタンの動作も付け加えると次のように整理できますね。

動作の整理

アプリケーションの状態	timer変数の値	スタートボタンの動作	ストップボタンの動作
初期状態	null	カウントアップ開始	何もしない
カウントアップ状態	intervalIDとして扱われる何らかの数値	何もしない	停止する
停止状態	null	カウントアップ開始	何もしない

これをコードの言葉で表現すると、

- もしもtimer変数がnullならば、startButtonのクリックが動作する
- もしもtimer変数がnullでないならば、stopButtonのクリックが動作する

と書き換えられます。つまりif文を仕掛けるだけで実現できそうです。結果としてコードはリスト **1-3-03** のように修正されました。

DEMO https://books.circlearound.co.jp/step-up-javascript/demos/step1/8

1-3-03   main.js

```
...
startButton.addEventListener('click', function(){
  if(timer === null) {
    ...
    timer = setInterval(function(){
    }, 1000);
  }
});

...
stopButton.addEventListener('click', function(){
  if(timer !== null) {
    ...
  }
});
```

演算子が「===」であることが気になった方もいるかもしれません。これは厳密等価演算子という演算子です。型変換することなく厳密に等価比較を行うので、こちらを利用することを推奨しています。詳しくはステップ4をご覧ください。

先刻まで起きていたバグの再現を行って追試してみます。今度はスタートボタンを複数回連

続で押してしまっても、ディスプレイの値は1秒ごとにカウントアップして、ストップを押すと止めることができますね。

作っているうちに仕様が増える？

今回やったように「作成を始めてから想定していなかった抜け漏れが発見され、仕様が追加されたり変更されたりする」ことは、実際の開発の現場ではよくあることです。特に大きなアプリケーションを作成する際には仕様が変わると大きな手戻りになる場合もあります。そのためこれが減るように「先に仕様の抜け漏れや矛盾を発見して相談できること」もプログラマの能力の一つです。仕事でプログラミングを活用したい方は特に覚えておくと良いでしょう。

ドンドン増えるログを出してみよう

スタートボタンが押されたら「開始」と表示する

　一通りストップウォッチ本体のコードは書けました。最後の仕様であった、ボタンを押した際のログを作成していきます（リスト 1-4-01 1-4-02 ）。setIntervalを呼び出した後に新しくHTMLタグを追加するコードを書きます。このようなHTML要素の操作にはDOM（Document Object Model）という概念が背景にあるのですが、詳しくはこのステップの最後に解説をします。

DEMO https://books.circlearound.co.jp/step-up-javascript/demos/step1/9

1-4-01　　　**index.html**

```html
<div id="stopWatchPanel">
  ...
  <div class="actions">
    ...
  </div>
  <div class="log"></div>
</div>
```

1-4-02　　　**main.js**

```javascript
var timer = null;

var startButton = document.getElementsByClassName('startButton')[0];
startButton.addEventListener('click', function(){
  if(timer === null) {
    ...
    timer = setInterval(function(){
      ...
    }, 1000);

    var message = '開始';
    var messageElm = document.createElement('div');
    messageElm.innerText = message;                        ❶
    var logElm = document.querySelector('.log');
    logElm.appendChild(messageElm);
  }
});
```

追加したコードの意味を順に見ていきましょう（①）。

document.createElementは、指定した名前のHTMLタグ要素を作成することができる関数です。今回はdivを指定しているので、divタグが作成されます。これをmessageElmという変数に代入しました。

さらにinnerTextを使って、"開始"という文字列をタグ内に表示しました。

次のdocument.querySelectorは、引数に与えたCSSセレクタに合致する画面上のHTMLタグ要素を一つ取得します。ここではclass="log"と指定されたタグを指し示す変数としてlogElmが初期化されます。document.getElementsByClassNameよりも汎用的な機能のため、こちらを利用するケースもあることを覚えておくと良いでしょう。

最後にlogElm.appendChildを使って、作成したタグをlogElmの子として追加しています。この追加が行われると、messageElmが指している要素がブラウザ上に描画されます。

「開始」と追加される

これでスタートボタンを押す度に、ストップウォッチ本体の下に「開始」と追加されればうまく動いています[4]。

ストップボタンが押されたら「終了」と表示する

ゴールとしてはもう少し表示を整える必要がありますが、そちらは後に回してストップボタンの方でも「終了」と表示するコードを書きましょう。スタートボタンを追加した際のコードをマルッとコピー・アンド・ペースト（コピペ）して…と、ちょっと待ってください。ここのコードは5行ほどの大変似たようなコードになります。こういった似たようなコードをコピペでドンドン量産していくのはあまり良いスタイルではありません。

ここでは一度リファクタリングを行ってコードを整理してから、実装してみましょう（リス

---

[4] もしもうまく動作しない時には付録（p.256）に対処方法をまとめているので、参考にしてみてください。

4

ドンドン増えるログを出してみよう

ト 1-4-03 ）。この後「終了」の表示を入れることを念頭において、進めていきます。

　リファクタリングして、新たにaddMessageという関数を作成しました（❶）。中身はほとんど先の内容を移動し、引数の名前などを整えています。また、logElmの取得はスタートボタンのイベントハンドラの外に出して、今後ストップボタンの処理でも利用できるようにしました。

　logElmが引数で渡されないのにaddMessage内で利用されていることを不思議に思う方がいるかもしれません（❷）。JavaScriptでは関数と並列以上にある変数を束縛できるクロージャという概念があります。詳しくはステップ7で学びますが、「宣言が関数の外にあろうとも利用できる場合がある」ことは記憶に留めておいてください（p.165参照）。

DEMO https://books.circlearound.co.jp/step-up-javascript/demos/step1/10

1-4-03　　main.js

```
function addMessage(message) { ❶
  var messageElm = document.createElement('div');
  messageElm.innerText = message;
  logElm.appendChild(messageElm); ❷
}

var displayElm = document.getElementsByClassName('display')[0];
var logElm = document.querySelector('.log');
var timer = null;

var startButton = document.getElementsByClassName('startButton')[0];
startButton.addEventListener('click', function(){
  if(timer === null) {
    ...
    timer = setInterval(function(){
      ...
    }, 1000);

    var message = '開始';
    var messageElm = document.createElement('div');
    messageElm.innerText = message;
    logElm.appendChild(messageElm);
```

```
      addMessage('開始');
   }
});
```

　リファクタリングでは動作が変わらないはずなので、今のコードはこれまで通りの動作で動くはずです。もしもうまく動かない時には次の内容をやる前に修正してしまうと良いでしょう。

　ここまでで動作が適切になっているのであれば、ストップボタン側にたった一行追加するだけ（リスト **1-4-04** ）で「終了」の表示を実現できてしまいました！こうやって「適切に処理をまとめていくことで楽に作成することができる」ということもぜひ覚えておいてください。

1-4-04	main.js

```
var stopButton = document.getElementsByClassName('stopButton')[0];
stopButton.addEventListener('click', function(){
  if(timer !== null) {
    ...
    addMessage('終了');
  }
});
```

ADVICE

コピペを避ける理由

コードを上手に書いていくには次のようなことを意識していく必要があります。

- 意味をわかりやすく、読みやすくする
- バグの発生確率をなるべく下げる

安易にコピペしてしまうと、本来意味を持った塊であるものをまとめる機会を逃してしまいます。数ヶ月先の自分自身ですら、ただのコードの羅列を読み進めるのに苦痛を伴うことは少なくないです。そのため、わかりやすい単位で関数などを作成し、名前を付けることでコードを読みやすくします。
加えて安易なコピペは今後仕様が変更された場合に修正する箇所を増やしてしまいます。人間はすぐに忘れる生き物なので、このような「複数箇所を整合させて修正する」ということによく失敗してバグを作ってしまいます。
最初は難しいかもしれませんが、わかりやすく不具合の少ないコードを書くためにもコピペの扱いには注意しましょう。

ログに時刻を入れ、見た目を整える

　スタート、ストップのログの仕様としてはメッセージとともに時刻を表示する動きになるので、時刻表示を作っていきましょう。addMessageの中身だけを修正すればスタートの時もストップの時も一緒に反映されます（リスト **1-4-05** ）。ここでもリファクタリングの効果を実感することができますね。

DEMO https://books.circlearound.co.jp/step-up-javascript/demos/step1/11

1-4-05　　**main.js**

```javascript
function addMessage(message) {
    var messageElm = document.createElement('div');
    var now = new Date(); ❶
    messageElm.innerText = now.getHours() + '時' + now.getMinutes() ➡  ─┐
+ '分' + now.getSeconds() + '秒 ' + message; ─────────────────────────── ❷
    messageElm.classList = ['message']; ❸
    logElm.appendChild(messageElm);
}
```

　new Date()の戻り値は現在時刻の情報を格納したオブジェクトです。今回はnowという変数でそれを利用できるようにしました（❶）。

　now.getHours()、now.getMinutes()、now.getSeconds()などの呼び出しを行うと現在時刻の情報の塊から、時・分・秒のそれぞれの要素を取り出すことができるようになっています。これをmessageの前に連結して出しています（❷）。

　また、messageElmにクラスとして"message"を追加しました（❸）。これにより、新規作成されるdivタグにはclass="message"が付きます。先に提示したcssの内容が反映されて、ログにはアンダーラインが入ったと思います。これで動作としては仕様通りになったはずです。試してみましょう。

ストップウォッチ

3

スタート　ストップ

20時6分23秒 開始
20時6分29秒 終了
20時6分31秒 開始
20時6分41秒 終了
20時6分48秒 開始
20時6分58秒 終了
20時7分2秒 開始
20時7分5秒 終了

動作の完成

ADVICE

アプリケーションを作っていく時のポイント

アプリケーションを作成する際に、今進めているように

- 小さなコードから少しずつ動かす
- 大事なところから動きを確認しながら作る

と考えていくことはスムーズに作成を進めるために大切です。たくさんのコードを一度に書いてしまうと、思った通りに動かない場合にデバッグが困難になってしまいます。

プログラミングに慣れてくると、ここで言う「小さなコード」の単位をだんだん大きくできることを実感できるはずです。見通せる小さなコードの単位を大きくしていくことで、遠回りせずに素早く実装することが可能になります。

オリジナルのアプリケーションを作っていく際にも、この章でやっている進め方を参考にしていただくと、最初のうちはつまずくことが少なく進められると思います。

STEP 1-5 リファクタリングして柔軟性を上げよう

ストップウォッチを一つの関数にしてみよう

ここまでのアプリケーション作成で、仕様通りのものを作ることができました。このままで完成でも良いのですが、もう一段より良い形にしておきたいのと、今後の学習のためのポイントにも繋がるので改めてリファクタリングをしてみます（リスト **1-5-01** ）。

ストップウォッチの機能を自分の思ったタイミングで導入できるようにしてみましょう。そのためにstopWatchという関数を作ります。中身はこれまで書いたコード全てを入れてしまって大丈夫です。

DEMO https://books.circlearound.co.jp/step-up-javascript/demos/step1/12

1-5-01 main.js

```javascript
function stopWatch() {
  function addMessage(message) {
    ...
  }

  ...

  var startButton = document.getElementsByClassName('startButton')[0];
  startButton.addEventListener('click', function(){
    ...
  });

  var stopButton = document.getElementsByClassName('stopButton')[0];
  stopButton.addEventListener('click', function(){
    ...
  });
}

stopWatch();
```

これで、想定している構造を持っているHTMLに対してであれば簡単にストップウォッチを導入できるようになりました。ステップ3ではもっと柔軟にすることを学びます。

ここで「stopWatchという関数の中にさらにaddMessageという関数が入ってしまったこと」を奇妙に感じられる方がいるかもしれません。JavaScriptは関数を入れ子にすることができるので、このような記述が可能になります。入れ子になった内部の関数は、工夫しない限り外から呼び出すことはできません。ステップ7で「クロージャ」を学ぶと理解が深まるでしょう。

このような方法を用いると勝手に呼び出して欲しくない関数や変数をstopWatch関数の中に閉じ込めることができます。そしてこの有効範囲に閉じている概念のことを「スコープ」と呼びます。スコープについてはステップ4で学習します。

ストップウォッチの見た目を引数で変えられるようにしよう

最後に、簡単なカスタマイズの機能を作ってこのステップでのコード記述を終わります（リスト **1-5-02** ）。stopWatchの初期化時に、ディスプレイの色と背景色を渡せるように改造しましょう。

DEMO https://books.circlearound.co.jp/step-up-javascript/demos/step1/13

1-5-02   main.js

```
function stopWatch(options) {
  function addMessage(...) {
    ...
  }

  options = options || {};
  var color = options.color || 'lightblue';
  var backgroundColor = options.backgroundColor || 'black';
  var displayElm = document.getElementsByClassName('display')[0];
  displayElm.style.color = color;
  displayElm.style.backgroundColor = backgroundColor;

  ...
}

var options = {
  color: 'limegreen',
  backgroundColor: '#333'
};
stopWatch(options);
// stopWatch();
```

❶

❷

❸

Objectによるオプション情報の扱い

options 変数が指している Object についても確認しましょう（❸）。ステップ 0 でも確認した通り、Object はキーとバリューを組み合わせた情報を格納することができます。

```
var options = {
  color: 'limegreen',
  backgroundColor: '#333'
};
```

このように書くことで、次の行のような情報の組み合わせを格納できています。

格納された情報

キー	バリュー
color	'limegreen'
backgroundColor	'#333'

格納した内容は「.」で区切ることで取り出せます。例えば options に格納されている color を取り出す際には options.color と表記します。

|| 演算子によるデフォルト値[※5] の準備

その他、読み進めるのに必要な知識としては下記のような || で繋いだ表現かもしれませんね（❶）。これはよく使われるイディオムで「|| 演算子の左辺の値の評価が偽（null、undefined や 0）ならば、右辺で示した値を返す」という動作になります。

```
options = options || {};
```

stopWatch 関数に引数を与えられず options が undefined ならば、空っぽの Object が options 変数に代入されます。

※5　明示的に設定されなかった場合に初期値として利用される値のことです。

```
var color = options.color || 'lightblue';
```

もしも options.color の値が取得できなければ 'lightblue' で color が初期化されます。
結果として、|| の右辺がデフォルトの値になることが多いです。

　今回の処理で以下の表のような動作が実現されます。引数を完全に省略することもできます
し、必要なものを指定することもできます。手元でも色々と指定してみてください。

引数の指定の例

呼び出し方	color	backgroundColor
stopWatch()	lightblue	black
stopWatch({color: "red"})	red	black
stopWatch({backgroundColor: "red"})	lightblue	red
stopWatch({color: "limegreen", backgroundColor: "#333"})	limegreen	#333

element.style による CSS の操作

　displayElm.style は、適用されているスタイルシートを JavaScript から操作するオブジェク
トです。今回は color や backgroundColor を指定することで、ディスプレイの CSS を操作しま
した（❷）。CSS で background-color のようにハイフンで区切られたものは、JavaScript 上で
は backgroundColor のようにハイフンを消して次の文字を大文字にして表されることに注意
してください。

　以上の操作を行って、コード上でディスプレイの文字色や背景色をカスタマイズできるように
なりました。options で与える内容を色々といじってみると、あなた好みの色合いのストッ
プウォッチに変えられると思います。また、options を与えない場合にはデフォルトの色合い
になることも確認してみてください。

完成！

　機能としてはとても小さなものではありますが、この中にフロントエンドの JavaScript を扱
う上でのポイントを数多く含んでいます。この後もっと複雑なアプリケーションも作っていき

ますが、基本的なことの理解が足らないと思った場合にはこのステップに戻ってみると良いでしょう。

> **ADVICE** **完成品を手に入れたら**
> 動くアプリケーションが一つ手に入ったら、ぜひ色々と改造してみてください。自分で考えながらコードを追加したり機能を変えていくことで学べることは数多くあります。もしもうまく動かなくなってしまった時のために、今のコードをどこかにコピーしておくか、gitなどのツールを活用すると良いでしょう。動かなくなった時「改造時に手を加えた場所に誤りがある」と考えると原因の究明もしやすいです。

もしもこのアプリケーションの改造したいところが思い浮かばない方は、例えば以下のようなことを試せると良いでしょう。

- 操作履歴は今最新のものが下に追加されてしまうが、最新が一番上になるように追加してみる
- 初期状態及び停止状態のストップボタンと、カウントアップ状態のスタートボタンとが無効なことをわかりやすくする。表現としてはボタンを押せなくする、もしくはボタンを非表示にする
- 3分たったらAlertでお知らせをしてくれる「ラーメンタイマー」に改造する
- 同じ画面に二つのストップウォッチが表示できるようにする（これは難易度が高いので学習が進んでから取り組むと良いでしょう）

このステップの以後のページでは、ブラウザの提供する機能の中で大切なDOMの概念について改めて理解を深める内容を記しました。参考にしてください。

STEP
1-6

DOM（Document Object Model）の概念を知ろう

DOMとは何か。その役割について

　ストップウォッチの作成を通してごく基本的な概念や考え方を確認してみました。この中で「ブラウザでの表示内容をJavaScriptによって変えられる」ということは理解できたのではないでしょうか。改めて記すと次のようなところが表示内容の変化でした。

- 秒数を示すディスプレイの値
- スタートやストップを押した際に追加されたログのメッセージ

　このようなブラウザの表示内容を操作する方法は標準化されており、DOM（Document Object Model）という仕様に則って提供されています。ストップウォッチを作成する際にdocument.createElementやelement.appendChildというメソッドを利用したと思いますが、このメソッドもDOMの仕様に従って提供されています（本来はDOMはHTMLの操作だけを目的に提供される仕様ではありませんが、本書ではWebブラウザ上でのHTML操作を学習内容としているのでHTMLの文脈で記します）。

● DOM操作と画面描画

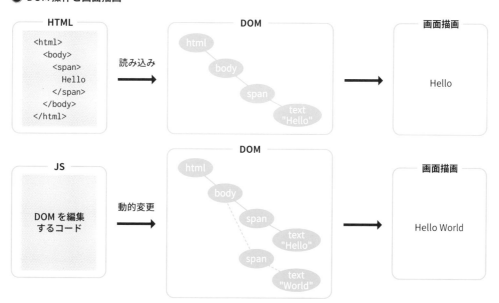

　上の図を参考にしながら理解を深めましょう。WebページをHTMLから読み込んだ際、ブラウザは読み込んだ情報からDOM構造を構築して保持しています。このDOMの内容が最初にブラウザ画面に表示される描画内容です。

　そして、JavaScriptにはDOMを操作できる各種のメソッドが提供されています。これにより、一度構築したDOMにさらに内容を追加したり変更したりすることができます。ブラウザはこのDOM操作の結果を即時画面に反映する動作をします。結果、画面に表示される内容を動的に変更できます。

DOMにまつわる主要な用語

　DOMを扱う上でいくつかの言葉を理解していると検索したり利用方法を学ぶ上で都合が良いので、ここで紹介します。HTMLでの用語と似通ったものになっているので、関連させて理解すると良いでしょう。

● DOMの主要な用語

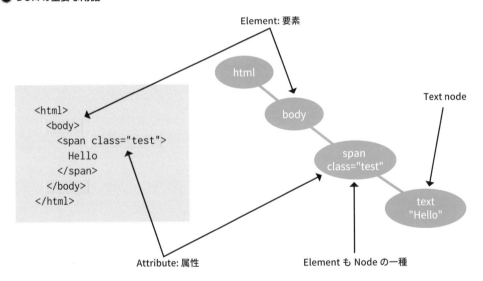

● Element（エレメント）

　日本語では「要素」と呼びます。学びはじめのうちはhtmlやbodyなどのタグを指し示す言葉だと理解してもかまいません

- Attribute（アトリビュート）
  日本語では「属性」と呼びます。class="test"のように、キーと値のワンセットになっており、一つのElementに複数のAttributeを設定することができます
- Node（ノード）
  DOMの構造において、一つ一つの情報の塊をNodeと呼びます。Elementやこの後に出てくるText nodeもNodeの一種です。AttributeはNodeを構成するパーツなのでNodeではありません
- Text node（テキスト ノード）
  文字列が格納されるnodeです

DOMの基本的な操作方法

　JavaScriptでHTMLを動的に変更するにはDOM操作に慣れることが近道です。ここではよく出てくる操作をまとめておきます。参考にしてください。詳しく知りたい場合には、MDNなど公式なリファレンスを参考にすると良いでしょう[6]。

- document.createElement(name)
  新しくElementを作成します。大抵の場合には、第一引数に作成したいElementの名前を入れて使用します。作成しただけでは画面に表示されないため、node.appendChild等を利用してdocumentから辿れるNodeに接続します
- node.appendChild(childNode)
  nodeの子としてchildNodeを追加します。nodeを親Node、childNodeを子Nodeと呼んだりもします。大抵はElementに対して子になるElementを追加する操作を行います
- element.innerText = "NewText"
  Elementの子のText nodeのテキストを書き換えます
- document.getElementById(id)
  idに合致するid属性を指定しているElementを取得します
- document.getElementsByClassName(className)
  classNameに合致するclass属性を指定しているElementを複数取得します

※6　ドキュメントオブジェクトモデル https://developer.mozilla.org/ja/docs/Web/API/Document_Object_Model
　　　DOM https://dom.spec.whatwg.org/

CSSを学習したことがある方ならCSSセレクタを利用したことはあると思います。.testや#testのような表記で対象とするHTMLタグを選択してCSSスタイルを適用していますね。これに倣った指定でDOMからルールに合致するNodeを取り出すことができます。CSSセレクタは複雑な条件も表現できるので、document.getElementById等よりも柔軟な要素の取得が可能です。最近はシビアなパフォーマンスが要求されない限りはこちらを好んで使う方が多いです。本書でも適宜活用していきます。

- node.querySelector(selectors)
  selectorsに指定されているCSSセレクタに合致するElementの最初の一つだけを取得します。
- node.querySelectorAll(selectors)
  selectorsに指定されているCSSセレクタに合致するElementを複数取得します。

おしまいに

ここでは実際に動くアプリケーションを仕上げながら、次のようなことを学びました。JavaScriptやブラウザについては以下がポイントでしたね。特にDOMについてはこの後も画面を操作する際にはいつも必要になりますし、画面操作の基本なので概念や扱い方を押さえておきましょう。

- DOMの概念や利用できる基本的な関数について
- setIntervalを利用した一定時間ごとの処理の繰り返し

開発全般のトピックとしては次のような内容が出てきました。実際の開発においてはこのような考え方も大事になるので、合わせて理解を深めていただければ幸いです。

- 少しずつ動くアプリケーションを仕上げていく進め方
- リファクタリングでコードを扱いやすくしながら開発するイメージ
- プリント・デバッグでバグを見つける手法
- 変数の値を利用したアプリケーションの状態の管理について

STEP 2

ES6を学習する

STEP 2　このステップで学ぶこと

ステップ1では伝統的なJavaScriptの文法を用いてコードを書きました。アプリケーションのように言語の文法にもバージョンがあり、時代とともにバグが発生しにくい新しい記法が増えたり、同じ処理を少ないコード量で書けるようになったりしています。

ここではJavaScriptのバージョンの話や、現在主流になっているバージョンであるES6の記法について学びましょう。ES6の記法にクラスの利用を可能にするものがあるので、クラスについても少しだけ学びます。

ステップアップのながれ

2-1　JavaScriptのバージョンについて

2-2　ステップ1のアプリケーションをES6対応にリファクタリング

2-3　クラスについて知ろう

2-4　ステップ1のアプリケーションにクラスを適用する

STEP 2-1　JavaScriptのバージョンについて

ECMAScript

　少し古いブラウザで対応しているJavaScriptのバージョンは、ECMAScript 5（エクマ・スクリプト ファイブ）です。略してES5と呼びます。ECMAScriptはJavaScriptの文法の基礎部分を決める仕様であり、JavaScriptはECMAScriptの仕様に準拠して作られています。

　ECMAScriptのバージョンがマッチすれば、JavaScriptのコードは適切に動作します。

　より新しいECMAScript6（ES6、ES2015とも呼ばれます）はES5の仕様をベースにして、より堅牢に書ける仕様や直感的にコードが理解しやすい仕様を追加したものになっています。普及度や各機能がどのブラウザで対応しているのかなどは「Can I use…（https://caniuse.com）」で調べることができます。例えばES6で検索すると次のような画面が出ます。IEを除けば、多くの日常的に扱うブラウザの最新版においてES6は安心して利用できることがわかるでしょう。

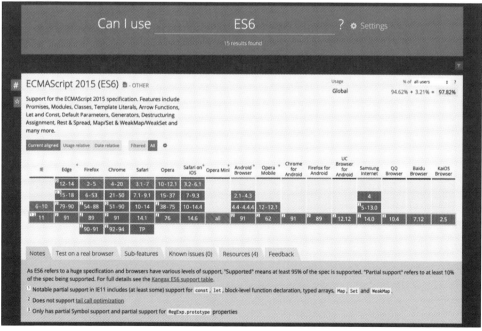

https://caniuse.com/?search=ES6

本書の執筆中にも IE の対応を多くのサービスが非推奨にしているため、現在多くのサイトで ES6 の利用が現実的になっています※1。

JavaScript の仕様自体は ES2015 以降も ES2017、ES2018 と進歩を続けています※2。最新の機能を利用したい時にはどのブラウザが対応しているかをチェックしてから導入すると良いでしょう。

ブラウザ上の JavaScript のバージョンの繊細さ

サーバサイドの言語では自分で言語環境を準備できますね。一方でブラウザの上で動く JavaScript の場合には、実行時の言語環境が利用されるブラウザに依存しています。つまり最新の JavaScript の文法で書いたコードが「古いブラウザではエラーになり、動作しない」ということが起こりえます。

「自分が利用しているブラウザで動作したからと言って、他の人のブラウザでは動かない可能性がある」ということをよく覚えておきましょう。仕事でコードを書く際には「どのブラウザの、どのバージョンで動くようにしますか？」と確認します。

このような背景から、様々なブラウザ側の対応バージョンに対して自分の書いたコードをフィットさせるために「トランスパイル」という方法が使われます。トランスパイルを行うことで、新しい文法が追加されても気軽に利用していくことができるようになります。トランスパイルについてはステップ9で詳しくご紹介します。

ES5 と ES6 の差異

ES6 は ES5 の仕様も含んでいるバージョンなので、ES6 に準拠している処理系では ES5 の文法も動作します。ES6 で追加された差分を理解するのがこのステップでの学習です。

多くの変更がありますが、特に私たちがコードを書く上でよくお世話になるものをピックアップしてお送りします。その他の変更点について興味がある方はぜひ調べてみてください。

※1　大手検索サイトの Yahoo! JAPAN でも IE が非推奨になったことからも、大勢が移行していることが伺えます（https://support.yahoo-net.jp/PccYjcommon/s/article/H000011350）。

※2　JavaScript 言語情報 https://developer.mozilla.org/ja/docs/Web/JavaScript/Language_Resources

- const/let
- テンプレートリテラル
- アロー関数
- 関数のデフォルト引数
- 分割代入
- クラス
- Promise（ステップ8でご紹介します）

MEMO

ES6以降のバージョン

ES6以降も新しいバージョンが年々リリースされています。最近ではリリースした年を付けて表現するようになっており、ES6をES2015、以後ES2016、ES2018…のように呼称されます。ES5とES6の差分は大変大きなものでしたが、その後は比較的緩やかな変更が続いています。

STEP
2-2

ステップ1のアプリケーションを
ES6対応にリファクタリング

　文法の差分を理解するためには、今動きを知っているものを変えてみるのが一番です。そこでステップ1で作成したアプリケーションをES6対応にリファクタリングしながら進みましょう。

const/let

　最初は比較的わかりやすい変数宣言から見ていきましょう（リスト **2-2-01** ）。
　constは宣言した後に再代入を禁止にできる（エラーにできる）定数です。letは再代入することができます。これらはvarに比べて厳密なチェックが行われるため、ぜひ使って欲しいほぼ必須の機能です。
　変数の種類はスコープと深い関わりがあるので、ステップ4にて詳しく見ていきます。

DEMO https://books.circlearound.co.jp/step-up-javascript/demos/step2/

2-2-01　　**main.js**

```
...
let timer = null; ❶

const startButton = document.getElementsByClassName('startButton')[0]; ❷
startButton.addEventListener('click', function(){
  if(timer === null) {
    let seconds = 0; ❸
    display.innerText = seconds;

    timer = setInterval(function(){
      seconds++;
      display.innerText = seconds;
    }, 1000);
    addMessage('開始');
  }
});
...
```

ステップ1のアプリケーションですと、ほとんどのvarをconstに変えることができます。timerとsecondsだけが何度も代入を繰り返される変数のため、letを利用せざるを得ないですね（❶❸）。その他の変数は❷のようにvarだったところをconstと変えておきます。エディタの置換機能で一気に行うのも良いでしょう。

　リファクタリングなので、アプリケーションを改めて動かして問題なく動作することを確認します。

テンプレートリテラル

　これまで文字列の連結は「+演算子」で行っていましたが、よりわかりやすい記法がテンプレートリテラルです。バッククオート（\`）で囲むことで、わかりやすい表記が可能です。

> **ADVICE**
>
> **バッククオートの出し方**
> バッククオートは、大抵の日本語キーボードであれば「Shift キーを押しながら@キー（pの右隣）を押す」で出せます。

　例えば今までは次のように書いていましたが、

```
messageElm.innerText = now.getHours() + '時' + now.getMinutes() + '分' + ➡
now.getSeconds() + '秒 ' + message;
```

同じものを以下のように書くことができます。

```
messageElm.innerText = `${now.getHours()}時${now.getMinutes()}分➡
${now.getSeconds()}秒 ${message}`;
```

　「+」記号で分断されないためクオーテーションを閉じたかどうかを気にすることが減り、かつ出来上がりの文字列のイメージがしやすくなるでしょう。また、${ [JavaScriptのコード] }という書き方で、JavaScriptのコードの結果を文字列の中に埋め込むことができます[※3]。

※3　テンプレートリテラル https://developer.mozilla.org/ja/docs/Web/JavaScript/Reference/Template_
　　literals

アロー関数

関数の表記は「function() { }」ですが、新たに「() => { }」という表記も使えるようになりました（リスト **2-2-02** ）。基本的にはどちらも通常の関数として振る舞いますが、厳密な違いについてはステップ4のthisの扱いで確認してください。今は「thisが関係する場合には単純に置き換えられないことがある」と理解しておきましょう。

```
2-2-02    main.js

stopButton.addEventListener('click', () => { ❶
  if(timer !== null) {
    ...
  }
});
```

addEventListenerの第二引数に適用すると読みやすさが増しますね（❶）。

また、名前の付いている関数の場合にも、以下のようにアロー関数を変数に代入することでほとんど変わらない動きになります。どちらの表記でもaddMessage(メッセージ文字列)で呼び出すことができます。

```
function addMessage(message) {
  ...
}
```

```
const addMessage = (message) => {
  ...
}
```

ステップ7に出てくる無名関数について学習すると、この動きについても理解が深まるでしょう。

関数のデフォルト引数

ステップ1では、リスト **2-2-03** のようにoptionsが指定されなかった場合の処理を書いていました。

```
2-2-03      main.js
```

```
function stopWatch(options) {
  ...
  options = options || {}; ❶
```

❶の処理は、もしもoptions引数が与えられないような場合には空のオブジェクトを代入し直しています。同様の処理が次のように書けます。

```
function stopWatch(options = {}) {
  ...
```

引数が与えられない場合に空のオブジェクトで初期化されるため、先のような対応は不要にできます。

分割代入

ステップ１のアプリケーションだと対応しなくても良いのですが、学習のためにこちらをやってみます。あるオブジェクトが持っているプロパティを変数にスムーズに代入する機能です。

```
function stopWatch(options = {}) {
  ...
  let {color, backgroundColor} = options;
```

この表現は以下と同様の動きになります。オブジェクトの一部のプロパティだけを扱いたい時に重宝します。letを用いているのはこの後の処理で変数の代入が発生するためです。constでも分割代入は書けますが、constなので変数の再代入ができない動作になります。

```
function stopWatch(options = {}) {
  ...
  let color = options.color;
  let backgroundColor = options.backgroundColor;
```

実際にアプリケーションに適用すると、リスト 2-2-04 のようになるでしょう。

2-2-04   main.js

```
function stopWatch(options = {}) {
  ...

  let {color, backgroundColor} = options;

  color = color || 'lightblue';
  backgroundColor = backgroundColor || 'black';
```

STEP 2-3 クラスについて知ろう

ES6ではこれまで利用できなかったクラスを書くことができるようになりました。クラスについては先にクラス自体を理解した上で見ていただくのが良いと思うため、ここで学習の節を挟みます。

残念ながら本書ではクラスの有効な活用方法や機能、技巧については取り上げません（それだけで一冊本が書けてしまうような分野です）。詳しく知りたい方はオブジェクト指向を扱う書籍などをあたってみてください。

オブジェクト

クラスはオブジェクトの考え方と密接に関係しているので、オブジェクトについておさらいしてから進めましょう。

ここまで皆さんは多くのオブジェクトを操作しながらコードを書いています。String や Array、Element など、言語やブラウザが用意してくれたオブジェクトを操作して機能を実装してきました。

ここで言うオブジェクトは JavaScript の言語仕様の Object よりも抽象的な言葉として表現しています（本書ではカタカナの「オブジェクト」は抽象的な意味合いで使い、アルファベットの「Object」は言語の組み込み機能である、という分類で表現します）。

● オブジェクトとObject

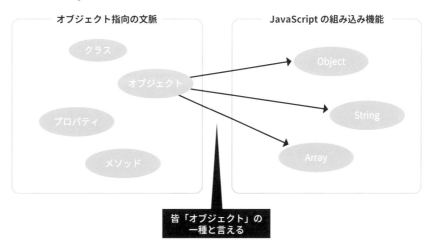

オブジェクトはプロパティ（データ）とメソッド（操作）をまとめている概念です。例えば
Stringオブジェクトは、

- lengthというプロパティを持っている
- toUpperCaseというメソッドを持っている

と言えます。
　このことは以下のような、普段皆さんが文字列操作を行っている際に自然に利用しているものです。

`DEMO` https://books.circlearound.co.jp/step-up-javascript/demos/step2/
　　　　class

```
const str = new String('Test'); // 普段は文字列専用の記法で 'Test' と書けば動いて➡
います
console.log(str.length); // => 4
console.log(str.toUpperCase()); // => TEST
```

　ここでnew Stringという表記を行いましたが、これはこの後の説明をより理解しやすくするためにこの形で表現しました。const str = 'Test' と書いたのと同様、「新しい文字列が作成される」という動作です。厳密には少し違うものですが今の説明上は同じものという認識で大丈夫です。

クラスとは

　JavaScriptで独自のオブジェクトを作成するにはいくつか方法がありますが、多くの言語ではクラスを使って定義します。
　クラスを作ることによって以下のルールを定義できます。

- クラスが所有している変数（プロパティ）を明示する
- クラスで利用できる関数（メソッド）を明示する

　具体的な定義の方法はこの後見ていきましょう。
　クラスを定義すると、先に出てきたnewというキーワードで簡単にオブジェクトを作成する

ことができます。そのためクラスは「オブジェクトの設計図」というような表現もされます。

　クラスを導入することでプログラムを適切な粒度で分割したり、再利用しやすくしたりできます。したがって、クラスを全く利用せずとも仕様通りに動くコードは書けます。とは言え、昨今のシステム開発でクラスを利用することは大変多いので概念は掴んでおきたいですね。

> **MEMO**
>
> **ES5以前のオブジェクトの定義**
>
> ES5以前のJavaScriptでも独自のオブジェクトの定義は行われてきました。ただしクラスとは別の方法、別の概念だったのです。ES6になってようやくクラスが利用可能になりました。

クラスの基本

　クラスの書き方（定義の仕方）と、利用の仕方をイメージするのに以下のコードを確認しながら読み進めてください。ここでは「与えられた文字列を装飾するクラス」を作っていく流れで進めます。

```
class TextDecorator { ❶
  // コンストラクタ。newされた時に呼ばれます
  // JavaScriptでは名前は必ずconstructorです
  constructor() {
    console.log('コンストラクタが呼ばれました');
  }

  // メソッド
  decorate() {
    console.log('decorateが呼ばれました');
  }
}
```

　クラスはclass宣言によって定義します。続くTextDecoratorはクラスの名前として扱われます（❶）。後に続く「{」から「}」までが、クラスの中身の構造を示します。今回の場合、クラスにはconstructorとdecorateというメソッドを作成しました。

　上記のクラスの定義が終われば、実行は次のようにできます[※4]。

※4　ここではクラスについての理解を深めたいので、これまでのようにHTMLやJavaScriptのファイルを作成していませんが、気になる方はこれまで同様、ファイルを作成して試してみてください。

```
const td = new TextDecorator(); // => コンストラクタが呼ばれました
td.decorate(); // => decorate が呼ばれました
```

クラスは new [クラス名]() という呼び方でインスタンス化することができます。インスタンス化とは新しいオブジェクトを作成することです。先のコードで new String した時に「新しい文字列が作られた」とイメージしていると思いますが、それと同様に新しい TextDecorator が一つ作られます。この時クラスに constructor（コンストラクタ）という名前のメソッドがあれば、初期化を行うためのメソッドとして呼び出されます。今回は console.log に出力をして確かに呼ばれていることを確認しました。

TextDecorator に decorate というメソッドを定義したので、decorate を呼び出せるオブジェクトが出来上がりました。もしもクラスの定義にある decorate メソッドを消すとエラーになり、確かにクラスでメソッドが定義されていると確認できるはずです。
これでは何もできないクラスなので、続いて実装を追加します。

this

クラスやオブジェクトを利用する場合に欠かせない機能で this という変数があります。this は「インスタンス化されたオブジェクト自身」を指している変数です。

```
class TextDecorator {
  constructor(name) { ❶
    console.log('コンストラクタが呼ばれました ');
    this.name = name; ❷
  }

  decorate() {
    console.log(`decorate が呼ばれました: ${this.name}`);
    return `■■■ ${this.name} ■■■`; ❸
  }
}
```

コンストラクタには引数を付けることができ、new する際に関数の引数として渡すことができます（❶）。❷では、引数で渡ってきた name という変数の内容を、this オブジェクトの name というプロパティ（this.name）にセットしています。

decorate では、this.name の値に文字列の装飾をして返しました（❸）。
結果実際に利用する方法は以下のようになります。

```
const td = new TextDecorator('JS！'); // => コンストラクタが呼ばれました ❹
console.log(td.name); // => JS！❺
const str = td.decorate(); // => decorateが呼ばれました：JS！❻
console.log(str); // => ■■■ JS！■■■
```

td 変数が指している new で作成したインスタンスは、クラスの中で this という別名で呼ばれます。❹のコンストラクタの呼び出しで this.name に 'JS!' という文字列が代入されるので、❺で td の name プロパティを取り出すと 'JS!' の文字列が返ってきます。

decorate メソッドの中で this.name と呼ぶと（❸）'JS!' の文字列を利用でき、装飾した結果が返ります（❻）。一連の流れは頭の中で「td 変数はクラス内の this と同じものだ」と連想できれば掴みやすくなるでしょう。

プロパティ、インスタンス変数

先の例で利用した this.name はプロパティと呼びました。別の呼び方でインスタンス変数とも呼ぶことができます。JavaScript のクラスでは両者に大きな違いを見出すことが難しいため、似たようなものだと考えても差し支えありません。

言語によっては両者を別の機能として記述したりするものがあります。本書では文脈によってプロパティと呼んだりインスタンス変数と呼んだりしていますが、実際の記述としては同じものを指していると思っていただいて大丈夫です。

この後のステップ4にも関係してきますが、プロパティは明示的に削除されない限りはオブジェクトの生存期間（スコープ）と同じ長さだけ生き続けます。オブジェクトが保持する複数のメソッド（関数）にわたって利用できるので、一般的に関数内のローカルスコープよりも長く利用できると言えます。

残念ながら今はここまでです

ここではクラスと、それを利用する際のメカニズムがイメージできれば十分です。オブジェクト指向やクラスは大変奥が深いため、ここまでで説明を区切ります。ここで説明できなかったクラスの機能や考え方はソフトウェア開発の面白い部分でもあるので、ぜひ今後学習のター

ゲットとしていただきたいです。本書を読み進めるには今の知識で大丈夫でしょう。

　まだ「クラスを作るメリット」や「どのようなクラスを作るべきか」などはよくわからないかもしれませんが、まずは本書を進めながらクラスに慣れていくと次のステップへの足掛かりになるでしょう。

ステップ1のアプリケーションに クラスを適用する

　リファクタリングの続きとして、stopWatch 関数であったものをクラスで表現します（リスト **2-4-01**）。StopWatch クラスに以下の表のようなインスタンス変数、メソッドを作るゴールを目指します。

StopWatch クラスのインスタンス変数

インスタンス変数名	用途
options	color、backgroundColor のストップウォッチの色情報のオプションを保持する
logElm	ログを追加できる Element を保持する

StopWatch クラスのメソッド

メソッド名	引数	用途
constructor	options — オプション	new の時に呼ばれ、options の内容をインスタンス変数にセットするコンストラクタ
init	なし	DOM 要素を初期化してイベントハンドラを仕掛ける
addMessage	message — ログに追加するメッセージ	logElm に一行ログを追加する

DEMO https://books.circlearound.co.jp/step-up-javascript/demos/step2/

```
2-4-01        main_class.js

class StopWatch {
  constructor(options = {}) {
    this.options = options; ❶
  }

  init() {
    let {color, backgroundColor} = this.options; ❷

    color = color || 'lightblue';
    backgroundColor = backgroundColor || 'black';

    const display = document.getElementsByClassName('display')[0];
```

```
      display.style.color = color;
      display.style.backgroundColor = backgroundColor;

      this.logElm = document.querySelector('.log'); ❸

    let timer = null;
    const startButton = document.getElementsByClassName('startButton')[0];
    startButton.addEventListener('click', () => {
      if (timer === null) {
        let seconds = 0;
        display.innerText = seconds;

        timer = setInterval(() => {
          seconds++;
          display.innerText = seconds;
        }, 1000);

        this.addMessage('開始'); ❹
      }
    });

    const stopButton = document.getElementsByClassName('stopButton')[0];
    stopButton.addEventListener('click', () => {
      if (timer !== null) {
        clearInterval(timer);
        timer = null;

        this.addMessage('終了'); ❺
      }
    });
  }

  addMessage(message) {
    const messageElm = document.createElement('div');
    const now = new Date();
    messageElm.innerText = `${now.getHours()}時➡
${now.getMinutes()}分${now.getSeconds()}秒 ${message}`;      ❻
    messageElm.classList = ['message'];
    this.logElm.appendChild(messageElm);
  }
}

const options = {
  color: 'limegreen',
  backgroundColor: '#333'
};
const stopWatch = new StopWatch(options); ❼
stopWatch.init(); ❽
```

コードを見ながらポイントを確認しましょう。コンストラクタではoptionsが渡されてくるので、それをthis.optionsとしてインスタンス変数に保持しています（❶）。initメソッドはこれまでstopWatch関数にあった主だった処理が入っていますが、いくつか変更があります。

- これまで関数内の関数であったaddMessageを独立したメソッドにしました（❻）
- logElmはinitで初期化され、addMessageでも利用されるので、this.logElmとしてインスタンス変数にしました（❸）。
- ❹、❺で今まで同様にaddMessageが呼ばれますが、メソッドのコールなので、this.addMessageという呼び出しに変わっています。

クラス化の影響で以下のように呼び出しが変わっています。

- StopWatchクラスのnewを呼び、引数としてoptionsを渡す（❼）
- インスタンス化されたstopWatchのinitメソッドを呼ぶ（❽）

ここでは「クラスを定義し、newでインスタンス化した上で、メソッドを呼ぶ」というごく基本的な用法を確認しました。

学習の意味も込めてクラス記法への変更を行いましたが、元々のstopWatch関数の実装が適切でないというわけではありません。本書ではクラスに慣れる意味でも積極的に利用していきますが、特にクラスを使わずに関数中心でも実現できます。実際には状況に応じて適宜使い分けていくものだとご理解ください。

MEMO

まとまりがわかりやすいコードは扱いやすい

クラスを作成した時に「特定の機能がひとまとまりになっている」という感覚を持っていただけると、そのメリットの一つが理解しやすいでしょう。同様のことは関数を工夫してもできることをステップ1で理解していると思います。クラスはそれを"言語レベルでルール化してよりわかりやすくしている"と考えていただいても、とっかかりとしては問題ありません。

先述しましたが、クラスやそれにまつわる機能は奥が深いので、少しずつ学んで理解を深めていただければ幸いです。

おしまいに

ここでは以下のようなことを学びました。

- ブラウザ上のJavaScriptのバージョンに気を配らないと、新しいバージョンのコードでは動作しない場合があること
- 過去支配的であったES5から、次の主流になっているES6への差分の中で特徴的な機能
- ES6以降で利用できるクラスについて

STEP
3

ES6 で書いていく

STEP 3　　このステップで学ぶこと

ステップ2でES6について学習し、リファクタリングをしながらその機能の一端を知ることができました。このステップでは最初からES6を利用したコードを書くことで、ES6の記述に慣れていきましょう。

ステップアップのながれ

3-1　　仕様の確認〜画像を一枚表示しよう

3-2　　複数画像を順番に表示できるようにしよう

3-3　　画像を自動で更新し見た目を整えて完成

仕様の確認〜画像を一枚表示しよう

このステップで作るもの：フォトビューアー

ES6の記法について理解を深めたところで、今度はゼロからES6のアプリケーションを作ってみましょう。題材は指定の画像を順番に表示できるフォトビューアーです。

動作するものが以下のURLにあるので確認しておくと良いでしょう。

DEMO https://books.circlearound.co.jp/step-up-javascript/demos/step3

フォトビューアーの画面仕様

アプリケーションの仕様は次のようなものです。

1. 複数の画像登録ができる仕組みで画像を一枚ずつ表示できます。
2. 前へ、次へのボタンを押すことで前の画像や次の画像を表示できます。
3. 画像表示から3秒たつと自動で次の画像に変更されます。
4. 登録された最後の画像まで表示されると次は最初から表示される、循環的な画像表示が行われます。
5. 画像のURL一覧があり、画像への直接のリンクが表示されます。

画像を一枚表示する

　最初は動きを付けずに、画像を一枚表示することだけを目指します。HTMLやJavaScriptの
ファイルを用意して最低限動作することを目指しましょう。例のごとく「少しずつ」動きを確
かめながら実装していきます（リスト 3-1-01 ）。

DEMO https://books.circlearound.co.jp/step-up-javascript/demos/step3/1

3-1-01　　index.html

```html
<!DOCTYPE html>
<html lang="ja">
  <head>
    <meta charset="UTF-8">
    <title>PhotoViewer</title>
  </head>
  <body>
    <h1>フォトビューアー</h1>
    <div id="photoViewer">
      <div class="frame">
      </div>
      <div class="actions">
        <button class="prevButton">前へ</button>
        <button class="nextButton">次へ</button>
      </div>
    </div>
    <script src="./main.js"></script>
  </body>
</html>
```

　画面としてはこのような形で良いでしょう。写真を表示する目的のframeクラスを指定した
divと、画像を前へ戻すprevButton、次へ進めるnextButtonがあります。main.jsを読み込ん
で、今後このmain.jsを編集していきます（リスト 3-1-02 ）。
　まずクラスを使いつつ、画像を一つ表示することを試みます。PhotoViewerクラスを作成
し、initメソッドだけを以下のように実装しました。initはinitializeの略で初期化という意味
です。このような「本格的な動作の前の準備を行う」際によく用いられる名前です。本書でも
よく登場するので覚えておいてください。initという名前自体が特別なルールを持っているわ
けではないので、startupやsetupのような名前に変えても同様の動作をさせることができま
す。

```
class PhotoViewer {
  init() {
    const rootElm = document.getElementById('photoViewer');  ❶
    const frameElm = rootElm.querySelector('.frame');  ❷
    const image = 'https://fakeimg.pl/250x150/81DAF5';  ❸

    frameElm.innerHTML = `
      <div class="currentImage">
        <img src="${image}" />     ❹
      </div>
    `;
  }
}
new PhotoViewer().init();  ❺
```

　画面上にIDとしてphotoViewerが指定されている要素をrootElmとして取得します（❶）。そのrootElmを親として、frameクラスが指定されている要素をframeElmとして取っています（❷）。❶のように親要素を取得していることは今後意味を持つので、一旦読み進めてください。

　❸は外部サービス※1を使ってダミー画像のURLを作成しています。味気ないですが、完成してから素敵な画像を用意すると良いでしょう。250x150のサイズで#81DAF5の色指定です。

　以上の変数は再代入されないのでconst指定で作成します。

　❹ではテンプレートリテラルを使ってimgとそれを囲むdivを文字列で作成しています。テンプレートリテラルなら改行を入れてわかりやすく整形できるので、見やすいコードになりますね。そのままframeElmのinnerHTMLに代入したのでタグとして挿入されます。

　❺ではnewでインスタンス化したオブジェクトに対して、即initメソッドを呼んでいます。このように短縮して書くこともできることを確認しておいてください。

　ブラウザで表示させると、画像が一枚表示されるはずです。エラーなくうまくいったでしょうか。一発で表示されなくても落ち着いてデバッグしていきましょう。

※1 「Fake images please?」https://fakeimg.pl/

STEP 3-2 複数画像を順番に表示できるようにしよう

複数の画像を処理できる設計をする

一枚の画像は表示できましたね。次は機能を実装する前に、少し設計を考えましょう。

まず、複数の画像が切り替わる仕様を実現します。それ以外に今後変更が発生しそうなことを想像してみます。

- 「画像の数や種類を追加したり削除したりしたい」と言われそう。その時にPhotoViewerクラスの中身をいじらずに対応したい
- 「ビューアーを作成する場所をid="photoViewer" を指定した要素以外の場所にしたい、もしくは複数作りたい」と言われそう。その時にPhotoViewerクラスの中身をいじらずに対応したい

実装に近い言葉に落とし込むと以下のような形でしょうか。

- 複数の画像が切り替わるようにする（仕様）
- 画像は複数で、特に最大数がなくても良い形にし、クラスの外から渡せるようにしたい（設計判断）
- どの要素にビューアーを作るかは選べるようにしたいので、クラスの外から渡せるようにしたい（設計判断）

仕様は必ず満たしたいことです。設計判断とした項目は仕様ではないため必須ではありませんが、作成する上での決めごとです。この辺りを上手にできると将来の手間を減らすことができます。

クラス外から値を指定できるようにリファクタリングする

初期値としてクラスの外から渡せる方が良いものはコンストラクタで渡すことにしましょう（リスト 3-2-01 ）。

DEMO https://books.circlearound.co.jp/step-up-javascript/demos/step3/2

```
3-2-01        main.js
```

```javascript
class PhotoViewer {
  constructor(rootElm, images) {  ❶
    this.rootElm = rootElm;
    this.images = images;
    this.currentIndex = 0;  ❷
  }

  init() {
    const frameElm = this.rootElm.querySelector('.frame');  ❸
    const image = this.images[this.currentIndex];  ❹
    frameElm.innerHTML = `
      <div class="currentImage">
        <img src="${image}" />
      </div>
    `;
  }
}
```

　コンストラクタに二つの引数を作りました（❶）。ビューアーを埋め込む要素を示すrootElmと、表示する画像の配列であるimagesを受け取るようにしています。これらはインスタンス変数として保持します。

　❷はimagesのうち、何番目の画像が表示されるかのインデックスです。初期値0を代入しておきます。まだcurrentIndexを変更する操作がないので、0で初期化されたまま利用されます。

　このようにコンストラクタでは単純な変数を受け取ったり、初期値を決めるなどの準備をすることが多いです。複雑な処理はあまり行いません。

　initメソッドは少しロジックが減りました。rootElmはコンストラクタで保持したインスタンス変数であるthis.rootElmの値を利用するように変更しました（❸）。imageはthis.imagesから、this.currentIndexで取り出しています（❹）。

```
3-2-02        main.js
```

```javascript
class PhotoViewer {
  ...
}

const images = [
  'https://fakeimg.pl/250x150/81DAF5',
  'https://fakeimg.pl/250x150/F781F3',
  'https://fakeimg.pl/250x150/81F7D8'
];
new PhotoViewer(document.getElementById('photoViewer'), images).init();  ❺
```

⑤のようにインスタンス化の際にビューアー埋め込み先の要素と、画像の配列を渡すように変更しました（リスト **3-2-02** ）。

結果の動作は変わりませんが、必要な設計をイメージしてコードを近づけることができました。今後の作業が楽になるでしょう。ここからはクラスの中身を実装していきます。

STEP

3

ES6で書いていく

> **MEMO**　**変更の予測**
>
> 上手な設計判断をすれば将来の変更に対応しやすくなります。それには変更の発生する理由を予測する必要がありますが、慣れていないと予測が外れてしまい、かえって変更に手間がかかってしまうケースもあります。そのため「必要になった時に適切に変更する」という、YAGNI（You Ain't Gonna Need It）と呼ばれる考え方もあります。

クリックによって画像を変えられるようにする

ここでは「次へ」、「前へ」のボタンの動作を作りましょう（リスト **3-2-03** ）。ボタンを押すと画像の中身が更新されるので、現在initに入っている処理が何箇所かで呼ばれることになります。updatePhotoという新たなメソッドを作成して全て処理を移しました（❹）。

DEMO https://books.circlearound.co.jp/step-up-javascript/demos/step3/3

3-2-03　　main.js

```
class PhotoViewer {
  ...
  init() {
    const nextButtonElm = this.rootElm.querySelector('.nextButton');
    nextButtonElm.addEventListener('click', () => {
      this.next();
    });                                                        ❶

    const prevButtonElm = this.rootElm.querySelector('.prevButton');
    prevButtonElm.addEventListener('click', () => {
      this.prev();
    });                                                        ❷

    this.updatePhoto(); ❸
  }
```

```
updatePhoto() {
  const frameElm = this.rootElm.querySelector('.frame');
  const image = this.images[this.currentIndex];
  frameElm.innerHTML = `
    <div class="currentImage">
      <img src="${image}" />                              ④
    </div>
  `;
}

next() {
  this.currentIndex++;  ⑤
  this.updatePhoto();
}

prev() {
  this.currentIndex--;  ⑥
  this.updatePhoto();
}
}
```

❶の範囲は「次へ」ボタンの処理です。nextButtonクラスの要素をthis.rootElm内の要素から取得してきて、clickイベントを仕掛けました。イベントハンドラはアロー関数で作成し、実装はnextメソッドを呼びます。nextメソッドの中身はこの後確認しましょう。❷は同様に「前へ」ボタンを実装しています。❶、❷でイベントハンドラを仕掛けたら、初期描画のためにupdatePhotoメソッドを呼んでinitが終わります（❸）。

新たに作成したnext、prevのメソッドはcurrentIndexを変更する処理が入っています（❺、❻）。どちらもcurrentIndexを更新した後、その内容をupdatePhotoで再描画します。

「次へ」、「前へ」のボタンを押して画像が切り替われば成功です。

画像が循環して更新されるようにする

これまでに作成した処理では、何度か連続してボタンを押下すると画像が表示されなくなってしまうことがあります。これを防ぎましょう。状況を整理すると次の表のようになります。

不具合の整理

ボタン	変更メソッド	画像が表示できない不具合の原因	対応
次へ	next()	currentIndexの値が画像の数を超えてしまう	currentIndexが画像の最後のインデクスだったら、0に変更する
前へ	prev()	currentIndexの値が0未満になってしまう	currentIndexが0だったら画像の最後のインデクスに変更する

　より短く書く方法もありますが、今回は愚直にif文で対応しました。表中の対応を反映したものが次のコードです（リスト **3-2-04** ）。

DEMO https://books.circlearound.co.jp/step-up-javascript/demos/step3/4

3-2-04　　**main.js**

```javascript
class PhotoViewer {
  ...
  next() {
    const lastIndex = this.images.length - 1;
    if (lastIndex === this.currentIndex) {
      this.currentIndex = 0;
    } else {
      this.currentIndex++;
    }

    this.updatePhoto();
  }

  prev() {
    const lastIndex = this.images.length - 1;
    if (this.currentIndex === 0) {
      this.currentIndex = lastIndex;
    } else {
      this.currentIndex--;
    }

    this.updatePhoto();
  }
}
```

　これでボタンを連続して押しても循環する実装になったはずです。以上で基本的な動きが概ねできました。

画像を自動で更新し見た目を整えて完成

一定時間で次の画像が表示されるようにする

　ボタンを押さずとも定期的に画像が更新されるように追加の実装をしましょう（リスト **3-3-01** ）。

DEMO https://books.circlearound.co.jp/step-up-javascript/demos/step3/5

3-3-01　　main.js

```javascript
class PhotoViewer {
  ...
  updatePhoto() {
    const frameElm = this.rootElm.querySelector('.frame');
    const imageIndex = this.currentIndex + 1; ❶
    frameElm.innerHTML = `
      <div>
        <p>${imageIndex}枚目</p>
        <img src="${this.images[this.currentIndex]}" />
      </div>
    `;
    this.startTimer(); ❷
  }

  startTimer() {
    if (this.timerKey) {
      clearTimeout(this.timerKey); ❸
    }

    this.timerKey = setTimeout(() => { ❹
      this.next();
    }, 3000);
  }
  }
}
```

新しいメソッドとしてstartTimerを作成しました。startTimerの動作は以下のようなものです。

- もしも既にタイマーが作動していたら停止します。
- setTimeout関数を使って3秒ごとに「次へ」ボタンを押したのと同じ操作を行います。

ここでsetTimeoutという関数を使っていますが、setIntervalと同様に一定時間後に処理を実行するもので、繰り返さずに一回だけ実行する機能を提供します。大抵以下のように記述します。

```
timeoutID = setTimeout([ 一定時間後に動かしたい処理の入っている関数 ], [ 動作の間隔 ])
```

timeoutIDをclearTimeoutに指定することで、動作予定のsetTimeoutを止めることができます。

```
clearTimeout(timeoutID)
```

setTimeoutで返るキーはstartTimer関数が終わっても保持しておき（❹）、次のstartTimerのコールの時のclearTimeoutで利用します（❸）。そのためtimeoutIDを保持する変数はthis.timerKeyのようにインスタンス変数としてセットします。関数内のローカル変数で宣言するとstartTimerを一度実行したところで変数が抹消されてしまうので、次のstartTimerの呼び出し時には利用できないことに注意しましょう。インスタンス変数であればPhotoViewerクラスのインスタンスが解放されるまで利用できるので、こちらを利用します。

出来上がったstartTimerは、画像の表示が更新されるタイミングで呼び出せば「ある画像が表示されてから3秒たつと次の画像に進む」という動きになりますね。画像表示の責務はupdatePhotoが負うので、このメソッドの最後に呼びました（❷）。

> **MEMO**
>
> **役割を意識しながら書く**
>
> メソッドや関数は役割（責務と呼んだりもします）によって分けていくと理解しやすいコードが書けます。例えばstartTimerは「タイマーを開始させる」という責務を持っているため、タイマー機能に関係するロジックが集約されています。

表示されている画像が何枚目になっているかという部分も実装しています。配列のインデックスをそのまま表示すると0から始まってしまうので、1を足したものを画面に表示しました（❶）。

画像URLの一覧を表示する

　最後に実装する仕様として、読み込まれた画像のURLの一覧表示をやりましょう（リスト **3-3-02**）。

DEMO https://books.circlearound.co.jp/step-up-javascript/demos/step3/6

```
3-3-02        index.html
```

```html
<div id="photoViewer">
  ...
  <h2>利用している画像</h2>
  <ul class="images"></ul>
</div>
```

　まずid="photoViewer"の要素の中にURLの表示部分を入れました。列挙なのでulとliを利用するとHTMLの意味づけに従っていて良いでしょう。続いてJavaScriptを編集します（リスト **3-3-03**）。

```
3-3-03        main.js
```

```javascript
class PhotoViewer {
  ...

  init() {
    ...
    this.renderImageUrls(); ❶
    this.updatePhoto();
  }

  ...

  renderImageUrls() {
    const imagesElm = this.rootElm.querySelector('.images');
    let imageUrlsHtml = '';
    for (const image of this.images) { ❷
      imageUrlsHtml += `<li><a href="${image}" target="_blank">${image}</a>➡
</li>`;
```

```
    }
    imagesElm.innerHTML = imageUrlsHtml;
  }
}
```

新しくrenderImageUrlsというメソッドを作成しました（❶）。このメソッドの責務は「コンストラクタで与えられた画像のURL一覧を画面に表示する」です。メソッドの名前からも想像できそうですね。

ここで新たに出てきたES6の記法としてfor … ofがあります（❷）。例を見ていただけるとわかりますが、配列の中に入っている要素を一つずつ順番に取り出してくれます。通常のfor文では要不要に関わらずインデックスを記述しましたが、不要になり、スッキリと書けます。

for … ofは「配列のように要素を順番に取り出せるものを扱える」と定義されているので、対象を配列に限定せず、様々な箇所で利用できるように改良されています。ES6で書けるところでは活用しましょう。

imageUrlsHtml変数は文字列を連結しながら変数の内容が差し変わります。「+=」演算子の動きは、「『今までのimageUrlsHtml変数の内容に、新たに文字列を追加した新規の文字列』を生成してimageUrlsHtml変数に代入する」というものなので、constを用いることはできず、letで宣言します。

当初仕様として出ていた内容は全て実装できました。少しだけ見た目を良くして終わりましょう。

見た目を整える

CSSについては簡単なものに留めるため、最低限の見た目を整えて終わります。リスト **3-3-04** のようなCSSを書いて適用しましょう。HTMLもあわせて編集します（リスト **3-3-05** ）。

DEMO https://books.circlearound.co.jp/step-up-javascript/demos/step3

3-3-04　　　**main.css**

```
#photoViewer {
  margin: 0 auto;
  width: 20em;
}

.actions {
  margin-top: 5px;
```

```
  text-align: center;
}

.currentImage {
  text-align: center;
}

.images {
  list-style: none;
  padding: 0;
  text-align: center;
}
```

| 3-3-05 | index.html |

```
<!DOCTYPE html>
<html lang="ja">
  <head>
    ...
    <link href="./main.css" rel="stylesheet">
  </head>
  ...
```

　ここまで済むと作業開始前に共有していた見栄えになっていると思います。いかがでしょうか。

完成！その後は

　PhotoViewerの完成おめでとうございます。このステップでは最初からクラスを用いながらコードを書いていきました。クラスの利用のイメージも前のステップより掴めたのではないでしょうか。

　せっかく動くものが手に入ったので、ぜひご自身で改造してみてください。もしも良い改造が思いつかない方は次のような内容にチャレンジしてみると良いでしょう。

- 同じ画面の中に、二つのフォトビューアーを表示してみる。ただし、PhotoViewerクラスの中身を修正せずに行う
- PhotoViewerクラスを修正して、画像の切り替わり時間を指定できるようにする。デフォルトは3秒とする

おしまいに

ここでは ES6 の記法を積極的に用いてゼロから動くアプリケーションを作成しました。

- const/let
- テンプレートリテラル
- クラス

などを活用しています。また、新しい要素として for…of を確認しました。

押さえておくべきJavaScriptの
言語特性について

STEP 4 このステップで学ぶこと

JavaScriptでコードを書いていく上で、少し特殊であったり、最初の頃理解に手間取りそうなトピックをここにまとめます。他の言語に比べるとJavaScriptは少し癖がある言語とも言われます。開発している最中にこの癖に悩まされないようにこれらのポイントを押さえておくと良いでしょう。

ステップアップのながれ

スコープ

スコープは多くの他の言語にも存在する「変数の有効範囲」のことです。JavaScriptは細かくスコープを扱える一方、少しの記述の抜け漏れでスコープの種類が変わる落とし穴的な挙動もあります。

さらにステップ7ではスコープに関連する特徴としてクロージャを学びますが、そのためにも前提知識となるスコープの理解を深めておきましょう。

JavaScriptには以下のようなスコープが存在します。

- グローバルスコープ
- ローカルスコープ
  - ・関数スコープ
  - ・ブロックスコープ

また、クラスに関係する変数もスコープに関連します。一般的には次のようなものがあります。

- インスタンス変数
- クラス変数（static変数）
  ※ES6レベルのJavaScriptには仕様が存在しないので参考にしてください。

簡単なプログラムを書いているうちは、スコープをそれほど意識しなくても思ったようなコードが書けることも多いです。複雑なコードを書くようになると、スコープを小さくすることでバグの原因を減らしたり、見通しを良くすることを意識する必要が出てきます。下に記した順にスコープが小さくなるので、特別な意図がない場合にはなるべく右側のスコープを心掛けると良いでしょう。

> グローバルスコープ > クラス変数 > インスタンス変数 > 関数スコープ > ブロックスコープ

スコープの大きさと役割

スコープが大きいならば「その変数を変更できる場所」がよりたくさんあります。「コードを書いた人の意図に反し、変数の値が予想外の場所で変更されない」ことを判断する際に、スコープは重要な働きをしています。小さいスコープなら判断の間違いが少なくなりますよね。

ブロックスコープ

ブロックとは{ }で囲まれたコード群を指します。ifやforと一緒に使っていますね。constやletで宣言された定数や変数はこのブロックスコープで扱われます（この後の説明ではまとめて「変数」と示しますがconstは正確には定数です）。

具体的にはリスト **4-1-01** のような動作になります。他のスコープに比べてチェックが厳密に行われることと、「ブロックの範囲」というコードを見た時にわかりやすいスコープであることが特徴です。

DEMO https://books.circlearound.co.jp/step-up-javascript/demos/step4/
scope

4-1-01	**scope.js**

```javascript
if(true) {
  const myBlockVar1 = 'myBlockVar1-true'; // これがブロックスコープの変数です
  console.log(myBlockVar1);
} else {
  const myBlockVar1 = 'myBlockVar1-false'; // これがブロックスコープの変数です
  console.log(myBlockVar1);
}
```

上記のコードのようにif-else文の二つのブロック内にmyBlockVar1という変数をそれぞれ宣言して利用することができます。コード中に二回myBlockVar1が出ていますが、それぞれ別の変数として扱われます（ifの条件がtrueのためロジックとして意味はありませんが、ブロックの性質の理解のためのサンプルです）。

また、ブロックは特にifやforなどと一緒に利用せずとも、プログラマが自由にロジック中に追加できます。リスト **4-1-02** の例を確認しましょう。ブロックがスコープの範囲なので、その外で変数を利用しようとするとエラーになります。

```
4-1-02    scope.js
```

```
// ブロックは意図的に書くこともできます
{
  const myBlockVar2 = 'myBlockVar2'; // これがブロックスコープの変数です
  console.log(myBlockVar2);
}

// console.log(myBlockVar2); // エラー：ブロックの外なので利用できません
```

　ブロックスコープはES6で導入された新しいスコープの概念です。なるべくこのスコープの変数を活用すると堅牢なプログラムを書くことができます。

関数スコープ

　関数の中が有効範囲になるスコープです。関数の中でvarで宣言される変数のみがこれに該当します（リスト 4-1-03 ）。

```
4-1-03    scope.js
```

```
function funcScope() {
  var myFuncVar1 = 'myFuncVar1'; // これが関数スコープの変数です
  console.log(myFuncVar1);
}

funcScope();
// console.log(myFuncVar1); // エラー：関数の外なのでmyFuncVar1は利用できません
```

　古くはvarを利用するしかありませんでしたが、今後は新規でコードを書く際にはほとんど使われないでしょう。後に説明する「変数の巻き上げ」のような問題もあり、気をつけることが多いものでした。

グローバルスコープ

　最も広いスコープで、プログラムのどこからでも参照できます。
　関数に全く囲まれていない最上位の領域で変数を宣言したり、関数内でも変数を宣言する際にvarやconst、letなどを付けずに使うとグローバルスコープになります（リスト 4-1-04 ）。

```
4-1-04    scope.js
```

```javascript
// 最上位（関数等で囲まれていない）でのvarはグローバルスコープに変数を宣言します
var myGlobalVar = 'myGlobalVar';

// これもグローバルスコープに変数を宣言しています
myGlobalVar1 = 'myGlobalVar1';

function myFunction1() {
  // 関数の中で初めて使いましたが、varやconstが付いていないのでグローバル変数です
  myGlobalVar2 = 'myGlobalVar2';
}

console.log(myGlobalVar1);

//console.log(myGlobalVar2); // まだ宣言していないのでここで呼ぶとエラー
myFunction1(); // 関数の中でグローバル変数myGlobalVar2が宣言されます
console.log(myGlobalVar2); // ここでmyGlobalVar2は利用できます
```

ブラウザにおけるグローバル変数はwindowオブジェクトのプロパティとしても操作できます。

```javascript
console.log(window.myGlobalVar2);
```

MEMO

意図していないグローバル変数

「varやconst、letの宣言を付けずに変数を利用するとグローバル変数になる」ので、付け忘れにより意図しない変数がグローバル変数になってしまう場合があり、バグの原因になることがよく知られています。

変数の巻き上げとブロックスコープ

　関数スコープで特に覚えておきたい性質として「変数の巻き上げ」[1]という動作があります。「同じ関数内で同名の変数を複数回宣言した場合に、同一の変数として扱われる」というものです。

※1　変数の巻き上げ https://developer.mozilla.org/ja/docs/Web/JavaScript/Guide/Grammar_and_types#variable_hoisting varで変数宣言した場合のコードで巻き上げについて確認します（リスト **4-1-05** ）。

4-1-05　　**scope.js**

```
function funcHoisting() {
  var myHoistingVar1 = 'myHoistingVar1'; ❶
  console.log(myHoistingVar1);

  if(true) {
    var myHoistingVar1 = '変更！'; ❷
    console.log(myHoistingVar1);
  }

  console.log(myHoistingVar1); // => "変更！" ❸
}
```

　❶と❷でmyHoistingVar1という変数が宣言されていますが、どちらもfuncHoisting全体がスコープとなるので、同一の変数として扱われます。ただ、おそらくこのコードを書く人は❶と❷の変数は別のものとして考えているはずです。ところが❸では❶と同値だと思っていた値が変更されてしまっており、直感に反する動作になってしまいます。

　同様のコードでletを利用するとリスト **4-1-06** のような動作になり、より厳密にチェックがなされます。

4-1-06　　**scope.js**

```
function blockHoisting() {
  let myHoistingVar1 = 'myHoistingVar1'; ❶
  console.log(myHoistingVar1);

  if(true) {
    let myHoistingVar1 = '変更！'; ❷
    console.log(myHoistingVar1);
  }

  // varの時には変更されましたが、ブロック変数なので影響を受けません
  console.log(myHoistingVar1); // => "myHoistingVar1" ❸

  // let myHoistingVar1 = '重複'; // エラー: 同じスコープ内には同名の変数は作れません ❹
}
```

　❶と❷の変数はそれぞれ別のものとして扱われます。❸での結果は❶で宣言した時の変数の内容のままです。さらに❹のように、同じスコープ内に同名の変数を宣言しようとするとエ

ラーになります。今回の場合、変数の変更がされなかったのでconstを利用しても同様の結果が得られるでしょう。

　constやletを利用すると「変数の巻き上げへの気配り」をしなくて済むようになります。利用できる場所ではできる限りこちらを活用しましょう（厳密に言うと巻き上げはあるのですが、気をつけて対応する必要がなくなるのです）。

　コードの堅牢性を考えれば、以下の指針に従うとよりバグの少ない記述ができます。基本はconstを用いて、変数の指す内容が変更される場合にはletを選ぶと、varを使う機会はほとんどなくなるはずです。

> const → let → var

MEMO　varと変数の巻き上げ

varは古くからある変数宣言の方法ですが、巻き上げについては「気をつけなければいけないポイント」として以前から扱われてきました（特に例示したような「ブロックに囲まれあたかもスコープが違うように見える」場合に勘違いしやすいです）。後発のconstやletによる変数は、より厳密なチェックをされるなど、バグが起きにくい仕組みで実現されています。

スコープのまとめ

- スコープは変数の有効範囲のことです。
- JavaScriptは変数の宣言の方法により、ブロックスコープ（const/let）、関数スコープ（var）などスコープの範囲が変化します。
- varでは変数の巻き上げがバグの原因になることもありましたが、const/letを活用するとよりバグが発生しにくいプログラムを書けます。

等価演算子（==）と厳密等価演算子（===）

==は等価演算子、===は厳密等価演算子と呼ばれます[2]。等価演算子は他の言語でもよく見かけると思いますが、厳密等価演算子については馴染みがない方も多いのではないでしょうか。これまでのコードの中にも厳密等価演算子は何度か出てきていますね。

等価演算子は比較を行う際に型が一致しない際には暗黙の型変換をしてから比較しますが、厳密等価演算子は型が違う場合には偽で判断される仕様です。

例えばリスト 4-2-01 のように、等価演算子の場合には文字列型の"3"と数値型の3の比較はtrueと評価されますが、厳密等価演算子の場合には両者は区別されてfalseと評価されます。

DEMO https://books.circlearound.co.jp/step-up-javascript/demos/step4/equals

4-2-01　equals.js

```javascript
console.log("3" == 3); // => true
console.log("3" === 3); // => false
```

大抵のロジックでは誤りを減らすためにも厳密等価演算子で比較する方をおすすめします。

また、オブジェクトの比較は参照の一致で行います。中身のデータが同じかどうかについては対象にならないことにご注意ください。参照についてはステップ7の「メモリをイメージする」（p. 178）でも取り上げるのでこちらも参考にしてください。

参照の比較については等価演算子、厳密等価演算子で同じ結果になります（リスト 4-2-02 ）。参照は文字列や数値のような暗黙の型変換ができないので、完全な一致だけで常に評価されます。

4-2-02　equals.js

```javascript
const test1 = {message: 'hello'};
const test2 = {message: 'hello'};
const test3 = test1;
console.log(test1 == test2); // => false
console.log(test1 === test2); // => false
console.log(test1 == test3); // => true
console.log(test1 === test3); // => true
```

※2　等価演算子 https://developer.mozilla.org/ja/docs/Web/JavaScript/Reference/Operators/Equality
　　　厳密等価演算子 https://developer.mozilla.org/ja/docs/Web/JavaScript/Reference/Operators/Strict_equality

STEP 4-3 this

　this※3はオブジェクトを操作する際に利用できる特殊な変数です。もしオブジェクト指向を扱う他の言語をご存知の方は、クラスとともにthisやselfのような名前で出ているものをイメージしてみてください。基本的にはそれらと同様ではありますが、JavaScriptでは関数の単位でthisと関係するため、独特な動作をするところがあります。これからお伝えするルールが難解でもあるため「JavaScriptを学び始めた時に頭を悩ませる機能の代表」でしょう。

　最初にfunctionにおけるthisの動作理解を深めます。アロー関数（=>）はthisの挙動においてfunctionとは別の動作をするので、後で確認します。

関数呼び出しの際、所有者のオブジェクトを指し示すthis

　このthisは大変基本的な動作で、他の言語などを含めて考えても違和感のないthisの動作です。「関数が“呼び出された時”にその所有者となっているオブジェクトの参照」です。主に次の二つのケースが該当します。

- オブジェクトが関数を所有している場合
- クラスを作成した場合

それぞれ確かめていきましょう。

● オブジェクトが関数を所有している場合

DEMO https://books.circlearound.co.jp/step-up-javascript/demos/step4/this

4-3-01	this.js

```
const obj1 = {
  name: 'これはobj1です',
  test: function() {
```

※3 this https://developer.mozilla.org/ja/docs/Web/JavaScript/Reference/Operators/this

```
    console.log(this); ❶
    console.log(this === obj1); ❷
  }
};

console.log(obj1); // => {name: "これはobj1です", test: f} ❸

obj1.test(); ❹
// => {name: "これはobj1です", test: f}
// => true
```

リスト **4-3-01** を実行すると以下のような内容が開発者ツールの Console に出るはずです。

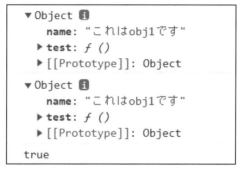

obj1の中身が表示される

　コードを動かして❸のコードが実行された時に、obj1の中身を表示しています。結果は、
nameとtestというプロパティを持ち、nameには「これはobj1です」という文字列が入って
います。今までも同様の確認はしたことがあるはずなので、特別違和感はないと思います。

　続いて❹のコードを実行した時にはobj1の持っているtestメソッドの中で、thisの内容を
console.logで出力しました。結果は❶と同様にnameとtestというプロパティを持ち、name
には「これはobj1です」という内容が入っています。

　さらにthis === obj1の比較（===の演算子はこの時「全く同じ参照を指していたら」trueを
返します）を行うとtrueが出力されました（❷）。

　これで関数の所有者であるobj1がthisとして取れることが確認できました。

○ クラスを作成した場合

　先述の「オブジェクトが関数を所有している場合」とほとんど同じ解説になります。結果に
ついてはリスト **4-3-02** に示します。同様に過程を追いかけてみてください。

```
4-3-02     this.js

class MyClass {
  constructor() {
    this.name = 'これはMyClassです';
  }

  test() {
    console.log(this); ❶
    console.log(this === instance1); ❷
  }
}

const instance1 = new MyClass();

console.log(instance1); // => MyClass { name: "これはMyClassです" } ❸

instance1.test(); ❹
// => MyClass { name: "これはMyClassです" }
// => true
```

実行すると以下のような内容がconsole.logに出るはずです。

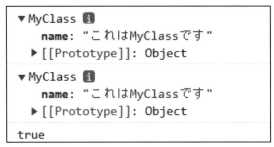

instance1の中身が表示される

　この後、この基本を覆すような話も出てきますが、根底の理解としてはまずこの動きを軸に考えます。

⬤ 「呼び出された時」の所有者とは

　節の冒頭で「関数が"呼び出された時"に」と強調していましたが、それについて理解を深めましょう。まず知っておくべき性質としては、JavaScriptの関数が変数に代入できることです。

　つまりリスト 4-3-01 でobj1が所有しているtest関数は、別のオブジェクトであるobj2に代

入しても動かせるのです。この時のthisは、呼び出された時の所有者オブジェクトを指すので、obj2になります。この性質は便利であることも、ちょっと困ってしまうこともある、特徴的な性質です（リスト 4-3-03 ）。

```
4-3-03        this.js

const obj2 = {
  name: 'これはobj2です'
};

obj2.test = obj1.test; // obj1の関数の参照をobj2に代入
obj2.test(); ❶
```

❶のところでは今呼び出しているthisとしてobj2が返り、thisがobj1とは一致しないことが確認できました。

```
▼ Object ℹ
    name: "これはobj2です"
  ▶ test: ƒ ()
  ▶ [[Prototype]]: Object
  false
```

thisはobj2になる

call/apply/bindで意図的に変更されたthis

「所有者オブジェクトを指し示す」という動作を基本にしているJavaScriptのthisですが、thisの指すオブジェクトを意図的に変えてしまいたい場合があります。この時に利用できるのがcallやapplyなどの関数です。

「obj1.testを呼び出す際のthisをobj2にする」という先の例は、callを利用して以下のようにも書けます。これでobj1.testを呼び出し、その時のthisをobj2に強制することができます。

```
obj1.test.call(obj2); // obj1.testを呼んでいますが、thisはobj2に差し替えて実行します
```

applyはcallと似ていますが、引数の指定が配列で行えるバージョンです。bindは、callのように呼び出し時にthisを与えるのではなく、事前にthisが束縛された関数を新たに作成しま

す。意味としてはどれもthisを意図的に変更するためのものです。詳しい違いは参考のURLを調べるなどすると良いでしょう※4。

グローバルオブジェクトのthis

　ブラウザの場合には、グローバルスコープでthisを呼ぶとグローバルオブジェクトとしてwindowオブジェクトが取得できます（リスト **4-3-04** ）。

　所有者が指定されていないシンプルな関数内でthisを呼んでも、同様にグローバルオブジェクトであるwindowオブジェクトが取得できます。ただし厳格モードの場合（use strictを指定した場合）には、undefinedが返ります。

```
4-3-04     this.js

// 何も関数に囲まれていないグローバルスコープのthisはグローバルオブジェクトです
console.log(this === window); // => true

function globalTest() {
  console.log(this === window); // => true
}

// オブジェクトに所有されていないのでthisはwindowです
globalTest();
```

　もう少し複雑な例をこの後のアロー関数との比較の中で確認しているので、そちらも参考にしてください。

アロー関数のthis

　ステップ2では、関数にはfunctionとアロー関数の二つの記述の方法があることを学びました。その時はアロー関数がfunctionの代替のような表現をしていたと思いますが、実は単純な置き換えにならないことがあります。アロー関数のthisの選ばれ方がfunctionのそれとは異なるためです。

　アロー関数ではthisが関数を宣言したところで決定され、通常の関数のような所有者の判断

※4　call https://developer.mozilla.org/ja/docs/Web/JavaScript/Reference/Global_Objects/Function/call
apply https://developer.mozilla.org/ja/docs/Web/JavaScript/Reference/Global_Objects/Function/apply
bind https://developer.mozilla.org/ja/docs/Web/JavaScript/Reference/Global_Objects/Function/bind

が行われません。リスト 4-3-05 の例を見てみましょう。

```
4-3-05        this.js

const objArrow = {
  name: 'これはobjArrowです',
  test: function() {
    console.log('testの中です');
    console.log(this);

    const arrow = () => {
      console.log('arrowの中です');
      console.log(this); // => {name: "これはobjArrowです", test: ƒ}    ①
      console.log(this === objArrow); // => true
    };

    const normal = function() {
      console.log('normalの中です');
      console.log(this); // => Window                                    ②
      console.log(this === objArrow); // => false
    };

    arrow();
    normal();
  }
};

console.log(objArrow); // => {name: "これはobjArrowです", test: ƒ}
objArrow.test();
```

　test関数のthisがobjArrowの参照になることはこれまでの学習で確認しました。さらにtest
関数の中に、アロー関数で定義したarrowという関数と、通常の関数であるnormalという関
数を作ってthisを比較しています。

　①、②の箇所についてまとめると次の表のようになります。

アロー関数と通常の関数

関数の宣言の仕方	thisの指すオブジェクト	意味
① アロー関数の場合 （arrow）	objArrow	arrow関数を定義したスコープのthis（test関数のthis）が所有者として扱われる
② 通常の関数の場合 （normal）	window	test関数のthisとは無関係に所有者オブジェクト不在と扱われる

通常の関数における動作は、所有者の有無で判断されるルールとしては当然なのですが、コードを読んだ際の印象と若干の乖離もあり「よくある勘違い」として取り上げられることも多いです。

また、アロー関数の動作と通常の関数の動作の違いが必要になった背景として、リスト **4-3-06** のようなコードを書く場合の煩わしさがあります。アロー関数がなかった頃は、イベントハンドラなどを仕掛ける時にこのような書き方をしました。

4-3-06   this.js

```
const legacyObj = {
  name: '通常関数の場合',
  test: function() {
    const self = this; ❶
    document.body.addEventListener('click', function() {
      console.log(self.name); ❷
    });
  }
};
```

❶でtest関数のthisを別の変数に代入しています。本当は❷の箇所でこのthisを利用したいのですが、親スコープのthisは取得できないためこのような手段を取る必要があります。以前はthisをどこかに代入しておくコードが頻発していました。

4-3-07   this.js

```
const arrowObj = {
  name: 'アロー関数の場合',
  test: function() {
    document.body.addEventListener('click', () => {
      console.log(this.name); // これで適切にアクセスできます
    });
  }
};
```

それがアロー関数の登場によって大変シンプルに書けるようになったのです（リスト **4-3-07** ）。いつでもアロー関数で都合が良いとは限らないので、現在は二つの関数定義を適宜選ぶ必要があります。thisの性質を理解した上でご利用ください。

　この概念はJavaScriptにクラスが導入される以前は気をつける必要がありましたが、ES6以降はあまりお目にかからなくなりました。クラスが導入される前には、“クラスのようなもの”があると便利な際に、リスト **4-3-08** のような要領で似たようなものを作りました。

4-3-08	this.js

```
function MyClass2() {
  this.name = 'これはMyClass2です';
  console.log(this); ❶
}

MyClass2.prototype.test = function() {
  console.log(this === instance2); // => true
  console.log('test!');
};

const instance2 = new MyClass2(); ❷
instance2.test();
```

　この例ではMyClass2というクラスが、testという関数を所有していることを表しています。
　作成した関数を❷のように「new MyClass2()」とnewを付けて呼び出しています。これでMyClass2のインスタンスが新たに生成されます。
　この時、関数MyClass2をコンストラクタと呼び、オブジェクト指向プログラミングのコンストラクタと同様の動作になるよう、thisは「newの結果返される新しいインスタンス」を指す仕様です。したがって、❶の行のthisはinstance2と同一のオブジェクトを指す結果になります。

MEMO
ES6以前のオブジェクト指向プログラミング
「プロトタイプベースのオブジェクト指向」と呼ばれる概念が上記の話の背景にありますが、ES6以降ではあまり利用されなくなったため、本書では深く解説はしません。過去、このような仕組みでオブジェクト指向プログラミングを行っていた流れは知っておくと良いでしょう。

STEP 4-4 undefined

　undefinedは「未定義」であることを示す値です。プログラムがエラーになった際によく出合うものとして、undefinedを認識している方も多いかもしれません。例えば以下のようなエラーメッセージはコードを書いている時によく出合うでしょう。

```
Uncaught TypeError: Cannot read property 'toString' of undefined
```

　これは値がundefinedの変数に対して、toString() を呼び出そうとした場合に起こるようなエラーメッセージです。
　ここではそんなundefinedについての理解を深めましょう。

undefinedになるケース

　下記のような時に、undefinedになります。リスト **4-4-01** が具体例です。

- 初期化されていない変数の値
- オブジェクトに指定されていないキーの呼び出し
- 関数のreturnを書かなかった場合の戻り値
- 引数のある関数を呼び出す時に引数を与えなかった場合の値

DEMO https://books.circlearound.co.jp/step-up-javascript/demos/step4/
undefined

4-4-01	undefined.js

```
let isUndefined;
console.log(isUndefined); // => undefined

const obj = {};
console.log(obj.unknownKey); // => undefined
```

```
function test() {
}
console.log(test()); // => undefined

function test2(abc) {
  console.log(abc); // => undefined
}
test2();
```

undefinedはnullと厳密には違いますが性質が似ています

次のように、undefinedはnullと大変似たような性質を持ちますが、両者は厳密には別のものです。

- 真偽値として扱う際にはどちらも偽として扱われます（if文で判断する時などを思い浮かべると良いでしょう）
- この値に対してプロパティを呼び出そうとするとエラーになります
- 厳密等価演算子（===）でundefinedとnullを比較すると偽になります

また、プログラムを書く目線においてはundefined/nullが無造作に増えるとバグが増える原因になります。理由があって使われるなら良いのですが、無意味に増やさずに書いていきましょう。

おしまいに

ここでは以下のようなことを学びました。

- 変数の有効範囲であるスコープは、グローバルからブロックの順に小さくなり、小さなスコープの方がより堅牢なプログラムを書くことができる。
- 等価演算子は暗黙の型変換をして比較する演算子であり、型変換をしたくない多くの場合には厳密等価演算子を用いると良い。
- thisは利用のされ方によって指すオブジェクトが異なるため、呼び出される周辺のコードとともに確認をしないと適切にオブジェクトを推測することができない注意が必要な機能である。
- undefinedはnullと似た性質を持っているが、コードに明示的に書かなくとも値が変数に入るケースが多く、よく出合うエラーの原因になる。

STEP

5

Node.js と npm を知ろう

このステップで学ぶこと

ここではブラウザとは別のJavaScriptの実行環境であるNode.jsと、そのパッケージマネージャであるnpmについて解説します。

このステップの読了時点では、npmはJavaScriptの開発で使用する「誰かが作ったコード」を管理／導入するためのツールぐらいの認識で問題ありません。もしもサーバサイドのJavaScript開発を本格的に行う場合にはより深い理解を必要とするでしょう。

ステップアップのながれ

STEP 5-1 Node.js とは

まず Node.js※1 が何かを学びましょう。

ブラウザには JavaScript の実行環境が組み込まれていますが、それ以外にも実行環境は存在します。Node.js もその一つです。

主な利用としては、サーバ内のシステムとして JavaScript を実行したい場合があげられます（大抵はターミナルからコマンドで呼ばれる使われ方です）。ほとんどのシステムには Node.js が最初から用意されてはいないため、自分で Node.js をインストールして追加します。

● Node.jsのインストール

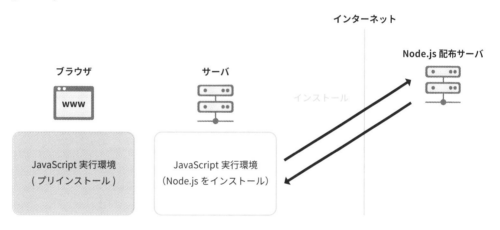

「ブラウザ以外で JavaScript を実行したい場合には実行環境を自力で用意する必要があり、その一つの方法が Node.js である」という理解で良いでしょう。「ブラウザ以外での JavaScript の実行」についてはまだピンとこない方もいるかもしれませんが、今は大丈夫です。具体的な内容は後述します。

※1　Node.js https://nodejs.org/

STEP 5-2 npm とは

Node.jsの位置付けを大まかに掴んだところで、npmについて触れていきます。

npmとは正式名称を「Node package manager」と言い、Node.js上で扱うパッケージを管理するためのツール（パッケージマネージャ）です[※2]。パッケージとは「予め誰かが作った便利な機能」を指します（これをnpmパッケージやモジュールと呼びます）。Node.js上で動作するコードを様々な人がnpmパッケージとしてインターネット上のサーバへ公開してくれており、それらの導入や管理をnpmで行うといった具合です。

● **npmについて**

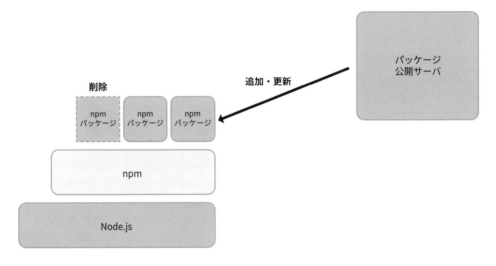

それでは実際に手を動かしてみましょう。

この後は、まずNode.jsの環境構築を行います。その上でnpmパッケージとして公開されているサーバアプリケーションを導入し、自身の環境でWebサーバを動かすことを目標にします。

※2 npm https://www.npmjs.com
npmのWebサイトでは様々なパッケージが公開されていて、検索して使い方を見たりできるようになっています。

様々なパッケージマネージャ

パッケージマネージャ（パッケージ管理システムとも呼ばれます）は、様々な言語や環境で用意されています。JavaScriptのnpmやyarn、RubyのBundlerやPHPのComposerも同様の仕組みです。また、LinuxのyumやAPT、MacのHomebrewなどもパッケージマネージャです。

現代のシステム開発は様々な方が公開している多くのパッケージを組み合わせて行うのが一般的です。積極的に活用していきましょう。

STEP
5-3

Node.jsのインストール

以下ではWindows/Macとそれぞれに分けて手順をご紹介します。Node.jsをインストールする方法はいくつかありますが、なるべくシンプルな流れでできる方法を選定しました。

本書で扱うNode.jsは、執筆時点で推奨バージョンとなっているv14.17.0の利用を前提としています。

ターミナルの確認

インストール中やインストール後はコマンド入力で操作を行います。ターミナルのアプリケーションは、各OSで以下のように立ち上げます。ご自身の環境を確認しておいてください。

● Windows10では、スタートボタン→Windowsシステムツール→コマンドプロンプト
● macOS Xでは、Finderからアプリケーション→ユーティリティ→ターミナル

本節では、mkdirで新たなフォルダを作成したり、cdで現在のフォルダを移動したりしますが、コマンドの詳細な解説まではしないので、コマンドの基本操作については別途学習の上読み進めてください。

Windows環境の場合

公式の配布サイトからインストーラをダウンロードして進めましょう。

```
https://nodejs.org/en/download
```

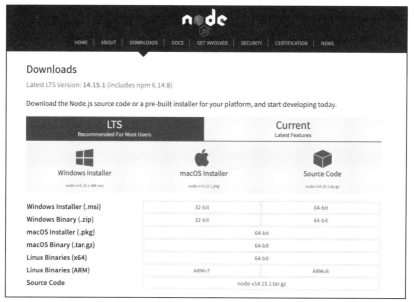

Node.js

1. 上記のサイトからインストールしたmsiファイル（ファイル名はnode-v14.17.0-x64.msi）をクリックしてください[※3]。

2. 1のmsiファイルをクリック後、次のウィンドウが開くので「Next」をクリックしてください。

セットアップの開始

※3　ファイル名の最後にx86、x64と二種類ありますが、お使いのシステムに合わせて選択してください。

3. 使用許諾契約書の同意画面が表示されます。「I accept the terms in the License Agreement」にチェックを入れ「Next」をクリックしてください。

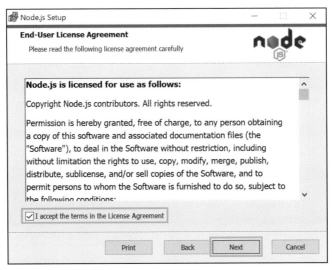

使用許諾契約書への同意

4. インストール先の指定が求められるので、任意の場所を指定してください（デフォルトのままで問題はありません）。インストール先に問題がなければ「Next」をクリックしてください。

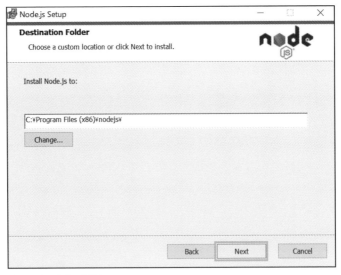

インストール先の選択

5. カスタムセットアップ画面が表示されます。今回特別な変更は不要なので「Next」をクリックしてください。

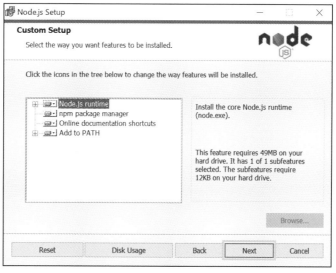

カスタムセットアップ

6. 付随するツールのインストール選択が求められます。今回は不要なので、チェックなしの状態で「Next」をクリックしてください。

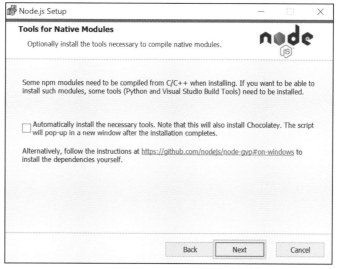

ツールの選択

7. 準備完了画面が表示されるので、「Install」をクリックしてください。

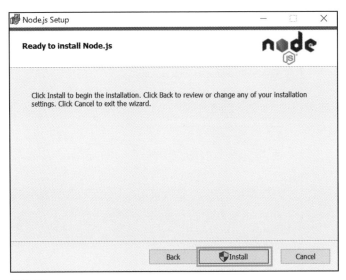

準備完了

8. インストール画面が表示されるので、しばらく待ちましょう。

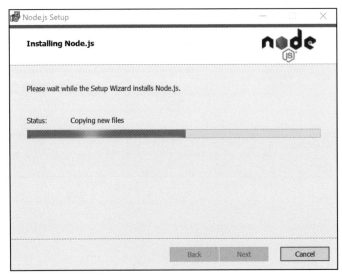

インストール

9. 無事インストール完了画面が表示されたら「Finish」をクリックしてください。

インストールの完了

これでNode.jsの環境構築が完了しました。

Mac環境の場合

公式のインストーラで進めた際、執筆時点では通常利用時に工夫しないと対応できないことがあるため[4]、別の手法として以下の手順を案内します。

1. Homebrewのインストール
2. Homebrewを使ったNode.jsのインストール

HomebrewはmacOSのパッケージマネージャです。非公式なツールではありますが多くの開発者が利用しています。このツールを入れると、「brew install xxx」という簡単なコマンドの入力で様々なソフトウェアがインストールできます。配布サイトを探して、ダウンロードして…といった過程を代行してくれるものだと言うと便利さが伝わるでしょう。

前提として、最近のmacOSで標準になっているzshの利用を想定しています。ターミナルで以下のようにコマンドを打った時、「/bin/zsh」と表示されていればzshの利用者です。

※4　npmのグローバルインストール時に権限がないことのエラーが発生し、これに対して特別な処置をする必要があります。

```
$ echo $SHELL
/bin/zsh
```

　もしかすると /bin/bash などの表記が出る方がいるかもしれません。その場合には以降で出てくるファイル名の .zprofile を .bash_profile、.zshrc を .bashrc と読み替えると同様に扱えるでしょう。

◯ 1. Homebrew のインストール

　もしも既に以下のように brew コマンドが使える方は、この手順は不要です。次の Node.js のインストールへ進みましょう。「command not found」のように表示される方はこの後の手順を実行してください。

```
$ brew -v
Homebrew 3.3.3
Homebrew/homebrew-core (git revision d1e4069ea18; last commit 2021-11-09)
```

　Homebrew の配布サイト（https://brew.sh）に行くと次のような見た目の Web ページが開かれるはずです。

Homebrew

コマンドの右脇のボタンを押すとインストール用のコマンドがクリップボードにコピーされます。それをターミナルに貼り付け、[Enter]を押しましょう。すると現在ログインしているユーザのパスワードを求められるので入力してください。入力内容が画面に出ませんが、かまわず打ち込んで[Enter]を押しましょう。

```
$ /bin/bash -c "$(curl -fsSL  https://raw.githubusercontent.com/Homebrew/➡
install/HEAD/install.sh)"
==> Checking for `sudo` access (which may request your password).

Password:
```

しばらく動作ログが流れて、場合によっては以下のところで止まるかもしれません。

```
...
/opt/homebrew/Caskroom
/opt/homebrew/Frameworks
==> The Xcode Command Line Tools will be installed.

Press RETURN to continue or any other key to abort
```

Xcode Command Line Toolsがインストールされていない場合には、このようにインストールを求めるメッセージが出ます。[Enter]を押してください。インターネットからツールをダウンロードしてくれるのでしばらく待ちます。

```
...
==> Next steps:
- Run these two commands in your terminal to add Homebrew to your PATH:
    echo 'eval "$(/opt/homebrew/bin/brew shellenv)"' >> /Users/[user]/.zprofile
    eval "$(/opt/homebrew/bin/brew shellenv)"
- Run `brew help` to get started
- Further documentation:
    https://docs.brew.sh
```

インストールが終わった後、まだやることがあります。

最後の方に「2つのコマンドをターミナルで実行せよ」と書かれているのでこれを行います。ターミナル上の文字列を一行ずつ選択してコピーペーストし、[Enter]を押すと打ち間違いがなくて良いでしょう。

結果、以下のような内容をそれぞれ実行することになります。[user]のところはご自身のユーザ名が表示されているはずなので、その名前が入っていれば問題ありません。コマンドについてはこの後のMEMOで簡単な解説をしているのでご覧ください。

```
$ echo 'eval "$(/opt/homebrew/bin/brew shellenv)"' >> /Users/[user]/.zprofile
$ eval "$(/opt/homebrew/bin/brew shellenv)"
```

ここまで終わったら、brewコマンドを打って確かめましょう。「brew -v」と入れて[Enter]を押してください。以下のようにバージョン番号（ここでは3.3.3）が表示されたでしょうか。

```
$ brew -v
Homebrew 3.3.3
Homebrew/homebrew-core (git revision d1e4069ea18; last commit 2021-11-09)
```

以上でHomebrewのインストールが終わりました。

2. Homebrewを使ったNode.jsのインストール

Homebrewが正常にインストールできていれば、Node.jsのインストールはコマンド一つで行えます。とても簡単ですね。

```
$ brew install node@14
```

nodeの後の@に続くのはインストールするバージョンです。今回はバージョン14系のインストールをしました※5。ダウンロードしてインストールされるまで少し時間がかかると思いますが、待っていてください。

※5　Homebrewでのインストールでは14.17.0のような細かいバージョンの指定はできないので、14系の最新バージョンをインストールします。「14」のメジャーバージョンが合っていれば大きな問題は起きないはずなので、安心して進めてください。

```
...
==> node@14
node@14 is keg-only, which means it was not symlinked into /opt/homebrew,
because this is an alternate version of another formula.

If you need to have node@14 first in your PATH, run:
  echo 'export PATH="/opt/homebrew/opt/node@14/bin:$PATH"' >> ~/.zshrc

For compilers to find node@14 you may need to set:
  export LDFLAGS="-L/opt/homebrew/opt/node@14/lib"
  export CPPFLAGS="-I/opt/homebrew/opt/node@14/include"
```

　最後に指示されている通り以下のコマンドを入れましょう。こちらも先のようにターミナル
の画面からコピーペーストすると良いです。

```
$ echo 'export PATH="/opt/homebrew/opt/node@14/bin:$PATH"' >> ~/.zshrc
```

　ここまでできたらターミナルのウィンドウを一度閉じて終了し、改めて起動してください。
これで今インストールしたNode.jsがターミナルで実行可能になっているはずです。動作の確
認は次の「インストール完了後の確認」で行います。

MEMO
.zprofile、.zshrc について

Node.jsのインストール時にコマンドを入れた箇所の結果をおさらいしておきましょ
う。ユーザのホームディレクトリ（/Users/[user]）にある .zprofile というファイルに
次の内容が追加され、

```
eval "$(/opt/homebrew/bin/brew shellenv)"
```

.zshrcの中に以下の内容が追加されています。

```
export PATH="/opt/homebrew/opt/node@14/bin:$PATH"
```

この2つの設定を追加する作業をHomebrew、Node.jsのそれぞれのインストールの最後に行いました（Homebrewの時には二つのコマンドを入れたと思いますが、二つ目は開いているウィンドウに設定を即時反映させるコマンドで、ファイルの操作はしていませんでした）。

あまりコマンドに詳しくない方は「.zprofileや.zshrcはターミナルを開いた時に読む設定で、中に書いた内容はどちらもコマンドを動かす準備をしているのだ」くらいの理解があれば今は大丈夫です。

特に.zshrcで指定しているPATHという変数（正確には環境変数と呼ばれます）はとてもよく使われるもので、コマンドのありかを探す場所を指定しています。

今回は「node」コマンドを探す時のために「/opt/homebrew/opt/node@14/bin」の中も探しに行くように追加が行われました。つまり、皆さんがnodeコマンドを実行しようとすると「/opt/homebrew/opt/node@14/bin/node」のファイルが実行されるようになったのです。同様に.zprofileの内容もbrewを使うためのPATHなどの環境変数を準備する処理です。

このようなことはシェルについて学習するとより深い理解を得られるでしょう。

インストール完了後の確認

　Node.jsがインストールされたことを確認するためターミナル（Windows環境の場合はコマンドプロンプト）を起動し、「node -v」というコマンドを実行してみましょう。

　インストールを行ったNode.jsのバージョンが表示されていれば成功です。

```
$ node -v
v14.17.0
```

MEMO

インストール方法はいくつもあります

ここで行ったインストール以外にも、いくつか方法があります。開発者によってはシステムに複数のバージョンのNode.jsを入れる方が都合の良いことがあり、その際にはnodenvやnvmのようなアプリケーションを使って「複数のバージョンのNode.jsを共存させる」方法を取ることがあります。本格的にNode.jsを活用していく際には検討してみてください。

npmパッケージを導入する

　初めてnpmを利用するので、まず簡単なパッケージを導入してみましょう。ここではhttp-serverというコマンドをグローバルインストールしてみます。この作業を行うとcdやdateコマンドのように、ターミナルからhttp-serverというコマンドが利用できるようになります。新しいコマンドの追加、のようにイメージしていただけると良いでしょう。

　http-serverはWebサーバを起動するコマンドです。この後のステップでも利用するコマンドなのでここでインストールして試してみましょう。

```
$ npm install http-server -g
...
+ http-server@0.12.3
added 23 packages from 35 contributors in 1.028s
```

　このコマンドを実行している間に次のことが行われています。

　　1. インターネットからnpmパッケージを取得
　　2. パッケージの内容をシステムへインストール

　一般的に、npmパッケージのインストールは以下のように指定します。今回は「グローバルインストール」を示す「-g」のオプションを指定しました。これを指定すると「システム全体で利用する」形でインストールすることができます。

npm install [パッケージ名] [オプション]

STEP 5-5 http-serverを起動する

次にインストールしたサーバを起動してみたいですね。

まずはターミナルから以下のコマンドで「app」フォルダを作成し、移動しましょう。

```
$ mkdir app // フォルダの作成
$ cd app // appフォルダへ移動
```

さらにappフォルダ直下にindex.htmlという名前のファイルをリスト **5-5-01** の内容で作成してください。

5-5-01 index.html

```
<!DOCTYPE html>
<html lang="ja">
<head>
  <meta charset="UTF-8">
  <meta name="viewport" content="width=device-width, initial-scale=1.0">
  <title>Sample</title>
</head>
<body>
  <h1>Hello Npm Server</h1>
</body>
</html>
```

準備ができたらターミナルから次のコマンドを実行しましょう。

```
$ http-server
```

すると以下のようにサーバアプリケーションの情報がターミナルに表示されます。この時点で、Node.jsがJavaScriptで書かれたhttp-serverのプログラムを実行してくれています。冒頭で「ブラウザ以外でのJavaScriptの実行」と記しましたが、このようにターミナルからコマンドを入力して動作させることが多いです。

```
Starting up http-server, serving ./
Available on:
  http://127.0.0.1:8080
  http://192.168.11.4:8080
Hit CTRL-C to stop the server
```

http-serverの起動

　ターミナルに出力されている http://127.0.0.1:8080 という URL をブラウザのアドレスバーに入力してみましょう。ブラウザに「Hello Npm Server」と表示されていれば成功です。使い終わったら Ctrl ＋ C を押すと終了できます。

Hello Npm Server

「Hello Npm Server」と表示される

STEP 5-6 ローカルインストールについて

　今回は簡単なコマンドを含んだnpmパッケージをグローバルインストールしましたが、プログラムから呼び出して使えるライブラリのような機能を提供するnpmパッケージが一般的です。その場合には「あるプロジェクトだけで利用する」ローカルインストールという形式がよく用いられます。このローカルインストールについて理解を深めましょう。

● グローバルインストールとローカルインストール

グローバルインストール
プロジェクトで横断的に利用されるコマンドなどを管理

ローカルインストール
プロジェクトディレクトリごとにインストールされる。
アプリケーション開発ではこの形式が多い

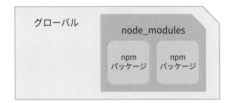

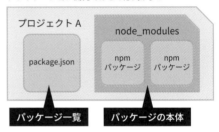

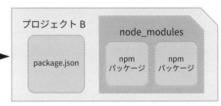

　ローカルインストールでは、プロジェクトのディレクトリ単位でnpmパッケージを管理します。大抵のプロジェクトでは特定のディレクトリ以下にソースコードやリソースを集めているので、その際に都合の良い管理が行えます。

　先のhttp-serverのインストールでは -g オプションを付けていました。これがグローバルインストールをする指定ですね。

```
$ npm install http-server -g
```

　ローカルインストールではこの -g オプションを利用せずにパッケージを管理します。

　実際に簡単なパッケージのインストールを試みましょう。ここでは確認用のプロジェクトのディレクトリを先に作ったappとは別のlocalinstallとしており、適宜読み替えて理解を進めてください。localinstallのディレクトリを作成し、その中で以下のコマンドを入力します。

```
$ npm init
```

　すると対話形式でいくつかの内容を問われます。丁寧に回答しても良いですが、今回はサンプルとして活用することもあり、全て Enter を押し続けてデフォルトで作成します。
　するとpackage.jsonというファイルが新たに作成されます。中身は以下のようなものです。

```
{
  "name": "localinstall",
  "version": "1.0.0",
  "description": "",
  "main": "index.js",
  "scripts": {
    "test": "echo \"Error: no test specified\" && exit 1"
  },
  "author": "username",
  "license": "ISC"
}
```

　nameやauthorの項目は実行した方の環境に合わせて違う内容が表示されると思いますが、気にせず進めて問題ありません。

パッケージのインストール

　新しいパッケージを導入してみましょう。今回はmsというパッケージをインストールします。次のコマンドを打ちます。

```
$ npm install ms
```

インターネットからパッケージをダウンロードするので少し時間がかかるかもしれませんが、画面表示を見ながら待ってください。エラーの表記がなく、例えば次のような表示が出れば成功です。

```
$ npm install ms
npm WARN localinstall@1.0.0 No description
npm WARN localinstall@1.0.0 No repository field.

+ ms@2.1.3
added 1 package and audited 1 package in 0.845s
found 0 vulnerabilities
```

コマンドの結果package.jsonにmsの情報が追加され（リスト **5-6-01**）、package-lock.jsonという新しいファイルとnode_modulesというディレクトリとが作成されました。

5-6-01	package.json

```
{
  ...
  "dependencies": {
    "ms": "^2.1.3"
  }
}
```

package-lock.jsonはインストールしたパッケージの詳細な情報を示しています。node_modulesは外部ライブラリを配置しておく場所です。

オプションの指定をまとめておきます。大きく分けて以下の表の3パターンです。

オプションの指定

	オプション	意味
1	（指定なし）	ローカルインストール（開発でも本番でも利用する）
2	--save-dev	ローカルインストール（開発時のみに利用する場合）
3	-g	グローバルインストール

1と2の差異については実際に本番アプリケーションを動作させる際に必要かどうかで指定が分かれますが、「本番や開発ということに理解が浅いために区別が難しそうだ」という場合には一旦1の方式で進めても大きな問題は発生しません。

--save オプション

npm の ver5 から --save オプションは付けずとも良くなりました。付けなくともローカルインストールとして扱われて package.json には追記されるため便利になりました。開発用の場合には --save-dev を付けましょう。

インストールしたパッケージを利用する

新たに index.js というファイルを作成し、以下のように書きました（リスト **5-6-02**）。Node.jsの環境では require でパッケージ内のライブラリを呼び出して利用できます。ms パッケージの場合、require の結果は関数が返ってくるので、ms という変数名で受けて利用することにします。

5-6-02	**index.js**

```
const ms = require('ms');
console.log(ms('10min'));
```

その上で、node index.js とコマンドを実行すると、600000 と表示されるはずです。10min（10分）をミリ秒で表現すると 600000ms という結果です。様々な文字列表現を読み取ってミリ秒の数値に変換するのがこの ms パッケージの効果です。

```
$ node index.js
600000
```

これをやるのに本当はかなりのコードを書かないといけないはずですが、たった二行で終わっています。大変ありがたいですね。

既に書き上がったpackage.jsonを利用する

　package.jsonは複数の人の実行環境を整えるのに大変便利な仕組みです。そのことを確かめましょう。

　まだ外部パッケージを導入していないことを模擬するため、localinstallディレクトリ内のnode_modulesディレクトリを削除します。

　その上で以下のコマンドを打ちます。

```
$ npm install
```

　この時、package.jsonに書かれているmsパッケージが改めてインストールされます。コマンドを利用すると無事に実行できるでしょう。

```
$ node index.js
600000
```

　package.jsonにはmsパッケージしか書かれていないため、今回はこのパッケージだけがインストールされましたが、複数のパッケージがある場合にもnpm install一回で全ての関連パッケージをまとめてインストールすることができます。

　このように、特定のディレクトリ内を基準にして外部ライブラリを利用したプログラムを書く際には、ローカルインストールが大変便利なので活用してください。また、複数人で開発する場合にはpackage.json、package-lock.jsonを共有することで、環境構築がスムーズになります。

> **MEMO**
>
> **たくさんのパッケージを利用すると**
>
> ここでは一つのパッケージの利用を紹介しましたが、実際のプロジェクトでは多数のパッケージをインストールすることになります。その際、依存するパッケージのバージョンが一致しないことや複数のパッケージで競合する場合があり、解決の難易度が高いケースがあることを覚えておいてください。

パッケージを削除する

最後に、不要になったパッケージを削除することもできるので確かめておきましょう。

```
$ npm uninstall ms
```

上記を実行しましょう。コマンドが成功するとmsパッケージの情報がpackage.json、package-lock.json、node_modulesから削除されます。

この状態で再度プログラムを動かそうとすると、msパッケージを削除したので当然「msモジュールが見つからない」というエラーになります。

```
$ node index.js
internal/modules/cjs/loader.js:583
    throw err;
    ^

Error: Cannot find module 'ms'
    at Function.Module._resolveFilename (internal/modules/cjs/loader.js:581:15)
    at Function.Module._load (internal/modules/cjs/loader.js:507:25)
    at Module.require (internal/modules/cjs/loader.js:637:17)
    at require (internal/modules/cjs/helpers.js:22:18)
    at Object.<anonymous> (/myproject/index.js:1:74)
    at Module._compile (internal/modules/cjs/loader.js:689:30)
    at Object.Module._extensions..js (internal/modules/cjs/loader.js:700:10)
    at Module.load (internal/modules/cjs/loader.js:599:32)
    at tryModuleLoad (internal/modules/cjs/loader.js:538:12)
    at Function.Module._load (internal/modules/cjs/loader.js:530:3)
```

想定通りにmsパッケージが削除されたことが確認できました。

ローカルインストールについて

おしまいに

ここでは以下のようなことを押さえておきましょう。

- Node.jsはJavaScriptの実行環境の一つです。利用するとブラウザを利用しなくともJavaScriptを動作させることができます。
- npmはJavaScriptのパッケージマネージャの一つです。様々な人が公開してくれているnpmパッケージをシステムにインストールして管理できる仕組みです。
- npmパッケージをグローバルインストールすると、パッケージ内容をシステム全体で利用することができます。
- npmパッケージをローカルインストールすることで、ディレクトリごとにpackage.jsonを中心にしたパッケージ管理を行うことができます。

STEP

6

AJAXを使ってみよう

STEP 6　このステップで学ぶこと

ここではAJAX（エージャックス）について解説します。

AJAX[1]とは、Asynchronous JavaScript And XMLの略で、JavaScriptが持つ機能を使ってサーバと通信し、快適なユーザインターフェースを実現する手法を指します。このステップでは、AJAXの特徴や具体的な使用方法について触れていきます。

ステップアップのながれ

※1　AJAX https://developer.mozilla.org/ja/docs/Web/Guide/AJAX/Getting_Started

STEP 6-1 AJAXとは

　ブラウザのJavaScript環境にはXMLHttpRequest オブジェクト[2]やFetch API[3]といった、サーバと通信をするためのオブジェクトが存在します。AJAXはこれらの通信オブジェクトを活用した、ユーザのシステム操作を快適にするための手法です。

　AJAXでは普段行っている通信とページ全体の再読み込みをせずに、サーバとの通信や表示の更新をJavaScriptで独自に行います。その結果ユーザが待たずに操作できる「非同期（Asynchronous）の動作」を実現できるのです。

　また、画面のスクロールやマウスオーバーのイベントを契機にして通信を開始したり、通信後に画面の一部だけを更新するような柔軟なユーザインターフェースを作成することができます。

　本書では、新しい仕様であるFetch APIを利用してAJAXを実現していきます。具体的な解説に入る前に「通常のページ更新」と「AJAXでのページ更新」を比較し、それぞれの流れを確認しておきましょう。

▌通常のページ更新

● 通常の通信

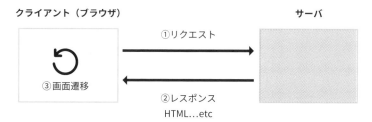

　図はAJAXを使用せずにページの更新を行う場合の例です。皆さんがWebコンテンツを利用する際、多くはこの方法で画面遷移をしています。

　「アドレスバーへのURLの入力」「Webページ内のリンクのクリック」「フォームのサブミット」などによりリクエストを送信し、多くの場合レスポンスとしてHTMLが返ります。

※2　XMLHttpRequest https://developer.mozilla.org/ja/docs/Web/API/XMLHttpRequest
※3　Fetch_API https://developer.mozilla.org/ja/docs/Web/API/Fetch_API

返ってきたHTMLをブラウザが再読み込みするため、画面遷移の際にリフレッシュが発生し、ユーザは通信の終了と画面の更新を待たされます。

AJAX でのページ更新

● AJAX通信

図はAJAXを使用してページの更新を行う場合の例です。

リクエスト送信時における先の例との大きな違いは、JavaScriptにより「任意のタイミングで通信を発生させることができる」点です。つまり「要素のクリック」「画面のスクロール」「マウスの移動」などブラウザ上で行われる操作全般をリクエストのトリガーに指定することができます。

AJAX通信[4]を終えた後、JavaScriptによりDOM操作を行うことで、レスポンスとして返ってきたデータを使用してページを更新することができます。

通信の後の処理はプログラマが自由に JavaScript のコードで書くことができます。

レスポンスについてはHTMLをはじめとした様々なデータを受け取ることができますが、多くの場合後述する JSON や XML という構造化されたテキストデータです。これにより画面表示内容のHTMLをそのまま返す場合より、情報量が少なく通信が速くなります。

また、リフレッシュを発生させずDOM操作でページの一部を更新でき、通常のページ更新と比べてユーザを待たせることが少なく、応答性に優れています。

※4 「AJAX通信」という呼び方はあまり使われていませんが、本書では「AJAX処理を行う上での通信処理」をこの言葉で表現します。

STEP 6-2 JSONに触れてみよう

AJAX通信ではJSONやXMLをレスポンスとして使用することが多いとお伝えしました。ここでは現在主流であるJSONについて確認します。

JSON[5]は、JavaScript Object Notationの略称で、名前の通りJavaScriptのObjectの表現によく似た構文です。

例えば、個人のプロフィール情報をJSONで表現すると以下のような文字列になります。

```
{
  "name": "田中太郎",
  "age": 25,
  "interest": ["プログラミング", "料理", "読書"]
}
```

JSONのような、値（バリュー）とそれを識別する情報（キー）がセットになっている構造のデータをキー・バリュー型の情報と言います。

先のJSONの「名前」に該当するデータでは「name」がキー、「田中太郎」がバリューにあたります。キーは文字列、バリューには文字列／数値／配列／オブジェクト／真偽値を値として指定することができます。またキー／バリュー共にJSON内の文字列は、必ずダブルクオーテーションで囲む必要があります。

構造こそObjectと似ていますが、JSONはあくまで決まったフォーマットのStringであり、Objectとは異なります。多くの場合プログラムから扱いやすくするために、後述するJSON.parseのようなメソッドでObjectに変換して利用します。

JSONの特徴が少し見えてきたところで、実際にJavaScriptでJSONを扱うコードを書いてみましょう（リスト 6-2-01 ）。

DEMO https://books.circlearound.co.jp/step-up-javascript/demos/step6/
json_example/

※5 JSON https://developer.mozilla.org/ja/docs/Glossary/JSON


```
6-2-01        json.js
```

```javascript
const jsonStr = JSON.stringify({
  name: "田中太郎",
  age: 25,
  interest: ["プログラミング", "料理", "読書"]
});
console.log(jsonStr);
```

このコードはObjectに対してJSON.stringify関数を適用し、以下のようなJSONを作成するものです。

```
'{"name":"田中太郎","age":25,"interest":["プログラミング","料理","読書"]}'
```

JavaScript内でJSONを扱う際には、「JSONオブジェクト」という組み込みオブジェクトを利用します。stringifyはJSONオブジェクトのメソッドの一つで、引数のObjectからJSONを作成します。

次は逆にJSONをObjectに変換してみましょう（リスト 6-2-02 ）。

```
6-2-02        json.js
```

```javascript
const jsonStr = JSON.stringify({
  "name": "田中太郎",
  "age": 25,
  "interest": ["プログラミング", "料理", "読書"]
});
console.log(jsonStr);
const obj = JSON.parse(jsonStr); ❶
console.log(obj.name); ❷
```

❶で使用しているparseメソッドは、引数として与えられたJSONをObjectにして返します。❷では変換したObjectにプロパティ名でアクセスし、情報が参照できることを確認しています。このように、JavaScriptのObjectとJSONとを相互に変換してコードを書くことができることを理解しておいてください。

XMLについて

XMLは、**Extensible Markup Language**の略称で、JSONと同じくデータのやりとりや管理を簡単に行うための言語です。HTML等と同じマークアップ言語に括られています。本書では扱いませんが、本ステップで扱ったJSONをXMLで表現する場合、例えば次のようになります。

```
<profile>
  <name>田中太郎</name>
  <age>25</age>
  <interest>プログラミング</interest>
  <interest>料理</interest>
  <interest>読書</interest>
</profile>
```

様々な用途で使用される言語ではありますが、AJAX通信におけるレスポンスデータとしては、昨今ではあまり使用されなくなりました。

しかし、Web以外でも様々なシーンでXMLが使用されることもあるため、今後皆さんが見たり触れたりする機会もあるかもしれません。

AJAXを体験してみよう

それではFetch APIを使用してAJAXを行うコードを書いていきましょう。

まずは今回のサンプルコードを保存するフォルダに移動し（これをworkdirと呼びますが、作業しやすいフォルダに適宜読み替えてご利用ください）、ステップ5で導入したhttp-serverコマンドを実行しましょう。

```
$ cd workdir
$ http-server
```

JSONを取得してみよう

次にworkdirにリスト **6-3-01** の内容でJSONファイルを作成しましょう。JSONファイルの拡張子は「.json」（ドットに続けてjson）になります。

DEMO https://books.circlearound.co.jp/step-up-javascript/demos/step6/
hello

6-3-01　　hello.json

```
{
  "message": "Hello AJAX"
}
```

ファイルを作成したらブラウザにJSONを表示してみましょう。

http://localhost:8080/hello.jsonにアクセスすると、次のようにhello.jsonの内容が表示されているはずです。

```
{
  "message": "Hello AJAX"
}
```

hello.json の内容が表示される

　ブラウザには、レスポンスとして返ってきたJSONを直接表示することもできます。ここでは用意したJSONが期待通りのURLから取得できることを確認してもらうため、この手順を踏みました。実際に私たちプロの開発者も、開発時にJSONの内容をこのように確認することがあります。

AJAX を実行してみよう

　次にAJAXを使用し、JavaScriptからhello.jsonを取得してみたいと思います。流れとしては以下の図のように実現します。hello.jsonをリクエストし（❶）戻ってきたJSONの中身（❷）からmessageの情報を取り出します（❸）。その後メッセージの情報をDOMを更新して表示します（❹）。

● message 表示のプロセス

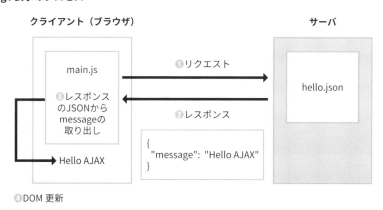

workdirにリスト **6-3-02** **6-3-03** の内容でHTMLとJavaScriptファイルを作成しましょう。

```
6-3-02        index.html
```

```html
<!DOCTYPE html>
<html>
<head>
  <meta charset="UTF-8">
  <title>Step6</title>
</head>
<body>
  <p id="message"></p>
  <script src="main.js"></script>
</body>
</html>
```

```
6-3-03        main.js
```

```javascript
async function displayMessage() {   ❶
  const response = await fetch('./hello.json');   ❷
  const data = await response.json();   ❸
  const messageElm = document.getElementById('message');
  messageElm.innerHTML = data.message;   ❹
}

displayMessage();
```

　まずdisplayMessageというメソッドを定義しています（❶）。function宣言の前にある
「async」とこの後の行で出てくる「await」という宣言※6については、ステップ8に解説を譲る
ことにして、ここでは一旦気にせずに進めましょう。「awaitを付けるのは、通信のような"待
ち"が発生する処理で、それを呼び出している関数にはasyncと付ける」程度のイメージが持
てていれば今は問題ありません。

　displayMessageの中では、まずfetchというメソッドを実行しその結果をresponseという
変数に代入しています（❷）。このfetchでサーバへの通信を行っています（fetchがサーバへリ
クエストを送り、レスポンスを受けていることになります）。

　fetchの第一引数に"./hello.json"とパスを指定して、http://localhost:8080/hello.jsonへリ
クエストします。

　fetchは最終的にレスポンスとして受け取った情報を返すので（厳密には違うのですが、今は
その理解で大丈夫です）、responseにはサーバからの返却値が代入されます。

※6　async/awaitは、厳密にはES6よりも後に利用可能になった仕様ですが、今後のAJAX処理では主流になると考えて紹介しま
　　す。

次の行ではjsonメソッドの実行結果をdataに代入しています（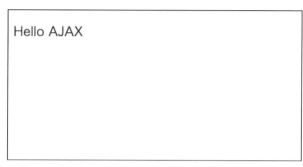❸）。response.jsonメソッドはレスポンスに含まれるJSONをObjectに変換するので、dataにはObjectが代入されます。

最後にdataからmessageを取り出し、ブラウザに表示しています（❹）。

http://localhost:8080/にアクセスし、「Hello AJAX」と表示されていれば成功です。

Hello AJAX と表示される

MEMO

最近のAJAX事情

皆さんの中には、AJAXと聞くと身構えてしまう方もいるかもしれませんが、コード自体は意外にシンプルで、驚かれたのではないでしょうか？

これほどシンプルにAJAXのコードを書けるようになったのは、ごく最近の話です。Fetch APIやasync/awaitの登場以前はもう少し複雑なコードを書く必要がありました。付録Cでも示しましたが、XMLHttpRequestとコールバック関数を駆使する時代よりもコードの複雑さが大分解消されたと覚えておくと良いでしょう。

STEP 6-4 サンプルアプリケーションを作成してみよう

次にAJAXを使用して実際のアプリケーションで使えそうな仕組みを作ってみましょう。

題材は、都道府県を選択すると市区町村が変化するセレクトボックスです。それぞれのセレクトボックスの選択肢（optionタグ）は、JavaScriptで動的に作成します。

動作するものは以下のURLに配置してあるので動きを確認してみてください。

DEMO https://books.circlearound.co.jp/step-up-javascript/demos/step6/

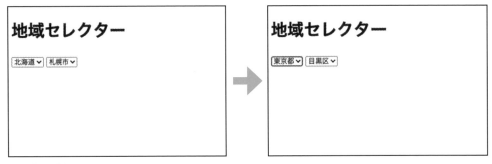

サンプルの動作

今まで試していたAJAXの内容とは違う新たな内容を始めるので、これまで利用していたworkdirとは別のフォルダを作成してください。今後はその新たなフォルダをworkdirと呼びます。

まずworkdir内にリスト **6-4-01** のHTMLファイルを作成しましょう。

DEMO https://books.circlearound.co.jp/step-up-javascript/demos/step6/1

6-4-01 index.html

```html
<!DOCTYPE html>
<html>
  <head>
    <meta charset="UTF-8"></meta>
    <title>AreaSelector</title>
  </head>
  <body>
    <h1>地域セレクタ</h1>
    <div id="areaSelector">
```

```
      <select class="prefectures"></select>
      <select class="cities"></select>
    </div>
    <script src="./main.js"></script>
  </body>
</html>
```

次に都道府県のJSONを作成しましょう（リスト 6-4-02 ）。

6-4-02　**prefectures.json**

```
[
  {
    "code": "001",
    "name": "北海道"
  },
  {
    "code": "002",
    "name": "東京都"
  },
  {
    "code": "003",
    "name": "大阪府"
  }
]
```

それでは、JavaScriptのコードを書いていきます（リスト 6-4-03 ）。

6-4-03　**main.js**

```
async function getPrefs() {
  const prefResponse = await fetch('./prefectures.json');    ❶
  return await prefResponse.json();
}

async function displayPrefs() {
  const result = await getPrefs();                           ❷
  console.log(result);
}

displayPrefs();
```

❶のメソッドはAJAXで取得した都道府県データ（JSON）を解析し、オブジェクトとして返します。

このメソッドは❷で実行され、結果をコンソールに出力しています。

> **ADVICE**
>
> **キャッシュが残ってしまう場合**
>
> 先の内容から連続してコードを書かれている方は、JavaScriptの内容が最新に更新されずに困っているかもしれません。そういう場合にはShiftキーを押しながら更新をしてみてください。この操作はキャッシュを無視して強制的に再読み込みさせる操作です。

http://localhost:8080/にブラウザでアクセスし、開発者ツールを開きましょう。コンソールに都道府県の情報が表示されていれば成功です。

ここでは特に目新しいことはしていないので、先に進みましょう。

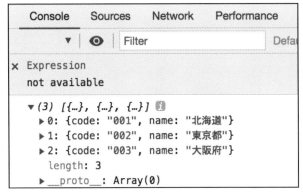

都道府県の情報が表示される

JSONからoptionタグを生成してみよう

次に取得したJSONからoptionタグを生成し、セレクトボックスに反映してみましょう。main.jsをリスト **6-4-04** のように変更してください。

DEMO https://books.circlearound.co.jp/step-up-javascript/demos/step6/2

```
const rootElm = document.getElementById('areaSelector'); ❶

async function getPrefs() {
  ...
}

async function displayPrefs() { // 削除
  const result = await getPrefs();
  console.log(result);
}
async function updatePref() {
  const prefs = await getPrefs();
  createPrefOptionsHtml(prefs);                                      ❷
}

function createPrefOptionsHtml(prefs) {
  const optionStrs = [];
  for(const pref of prefs) {
    optionStrs.push(`
      <option name="${pref.name}" value="${pref.code}">
        ${pref.name}
      </option>
                                                                     ❸
    `);
  }

  const prefSelectorElm = rootElm.querySelector('.prefectures');
  prefSelectorElm.innerHTML = optionStrs.join('');
}

displayPref(); // 削除
updatePref(); ❹
```

　❶では都道府県のセレクトボックスを格納する要素を取得しています。

　❷でサーバから取得した都道府県のJSONでoptionタグを生成し、セレクトボックスへ反映しています。❷の一連の処理の中でHTML周りの変更を担っているのが❸です。詳しくはこの後確認しましょう。

　最終行の❹は❷の実行です。セレクトボックスの選択肢が都道府県の情報になっていれば成功です。

地域セレクター

北海道 ∨ ∨

セレクトボックスに都道府県が入る

❸のcreatePrefOptionsHtmlメソッドについて少し掘り下げます。

❸では、AJAXで取得してきた都道府県の配列からoptionタグを生成し、selectタグの子要素として追加しています。

引数として受け取ったprefsの中身は、都道府県の情報（Object）が格納された配列です。for … ofでprefs内の要素を一つずつ取り出し、optionStrs変数（空配列）にoptionタグの文字列を追加しています。その結果optionStrs変数の中身は以下のようになります。

```
[
  '<option name="北海道" value="001">北海道</option>',
  '<option name="東京都" value="002">東京都</option>',
  '<option name="大阪府" value="003">大阪府</option>'
]
```

そしてこの配列を次に紹介するjoinメソッドで文字列化し、セレクトボックスの子要素となるようにprefSelectorElm.innerHTMLに代入しています。

```
prefSelectorElm.innerHTML = optionStrs.join('');
```

joinメソッドは、呼び出しの元の配列を、引数で与えた文字で区切りつつ連結（文字列化）します。今回は引数が空の文字列なので区切り文字なしで連結されます。したがってjoinの結果、以下のような文字列がprefSelectorElm.innerHTMLに代入されます。

```
'<option name="北海道" value="001">北海道</option><option name="東京都" ➡
value="002">東京都</option><option name="大阪府" value="003">大阪府</option>'
```

一つ一つの要素を+で連結する方法も以前利用しましたが、複数の文字列を一度に連結する場合には今回紹介した方法の方が効率よく動作するでしょう。

市区町村の情報もセレクトボックスに反映してみよう

次に市区町村の情報もセレクトボックスに表示してみましょう。

まず市区町村のJSONファイルを追加します。workdirに「cities」というフォルダを作って、以下の3つのJSONファイルを追加してください。

cities/001.jsonを例にすると、次の表のような意味合いのJSONを用意しています（リスト **6-4-05** ）。002.jsonや003.jsonも具体的なデータは違いますが同様の内容です（リスト **6-4-06** **6-4-07** ）。

cities/001.jsonのデータ内容

code	prefCode	name
001	001	札幌市
002	001	千歳市
003	001	函館市

6-4-05 　　cities/001.json

```
[
  {"code": "001","prefCode": "001","name": "札幌市"},
  {"code": "002","prefCode": "001","name": "千歳市"},
  {"code": "003","prefCode": "001","name": "函館市"}
]
```

6-4-06 　　cities/002.json

```
[
  {"code": "004", "prefCode": "002", "name": "目黒区"},
  {"code": "005", "prefCode": "002", "name": "豊島区"},
  {"code": "006", "prefCode": "002", "name": "港区"}
]
```

```
6-4-07          cities/003.json
```

```json
[
  {"code": "007", "prefCode": "003", "name": "浪速区"},
  {"code": "008", "prefCode": "003", "name": "住吉区"},
  {"code": "009", "prefCode": "003", "name": "旭区"}
]
```

ここで追加した JSON ファイルの内容について触れておきます。

今回 JSON のファイル名に含まれる「00X」という情報は、都道府県の JSON に含まれる「code」の文字列に対応しています。都道府県と市区町村のデータを関連づけるための工夫として、今回はこのような形を取りました。

それでは、都道府県の code から対応した市区町村を取得し、セレクトボックスに反映するための処理を追加しましょう（リスト **6-4-08**）。

DEMO https://books.circlearound.co.jp/step-up-javascript/demos/step6/3

```
6-4-08          main.js
```

```javascript
...
async function initAreaSelector() {
  await updatePref();                                                     ❶
  await updateCity();
}

async function getPrefs() {
  ...
}

async function getCities(prefCode) {
  const cityResponse = await fetch(`./cities/${prefCode}.json`);          ❷
  return await cityResponse.json();
}

async function updatePref() {
  ...
}

async function updateCity() {
  const prefSelectorElm = rootElm.querySelector('.prefectures');          ❸
  const cities = await getCities(prefSelectorElm.value);
  createCityOptionsHtml(cities);
}
```

```
function createPrefOptionsHtml(prefs) {
  ...
}

function createCityOptionsHtml(cities) {
  const optionStrs = [];
  for(const city of cities) {
    optionStrs.push(`
      <option name="${city.name}" value="${city.code}">
        ${city.name}
      </option>
    `);
  }

  const citySelectorElm = rootElm.querySelector('.cities');
  citySelectorElm.innerHTML = optionStrs.join('');
}

updatePref(); // 削除 ❺
initAreaSelector(); ❻
```

❶は新たに初期化用のメソッドを追加しました。このメソッドを実行することで、今回のアプリケーションが動く想定です。

❷は市区町村を取得するためのAJAX通信の処理です。

❸では❷を利用して市区町村を取得し、続けて❹を呼び出してセレクトボックスにその内容を反映しています。

基本的な流れは都道府県のセレクトボックスを作成した時と似ていますが、❸では最初に都道府県のセレクトボックスから市区町村を取得するためのcode情報を取ってきています。

❺は❶のメソッド内に移動したため削除しました。最後の❻は❶の実行です。

セレクトボックスに市区町村が入る

これで市区町村のセレクトボックスにも内容が入りました。

最後に都道府県を選択したタイミングで、市区町村の内容が変わるようにコードを変更してみましょう（リスト **6-4-09**）。

DEMO https://books.circlearound.co.jp/step-up-javascript/demos/step6/4

```
6-4-09          main.js

...
function createPrefOptionsHtml(prefs) {
  ...
  prefSelectorElm.innerHTML = optionStrs.join('');

  prefSelectorElm.addEventListener('change', (event) => {
    updateCity();                                                    ❶
  });
}
...
```

optionタグを反映した後、❶でセレクトボックスのchangeイベントに対応したリスナを登録するように変更しました。

それでは、ブラウザで動作を確認してみましょう。都道府県のセレクトボックスを変更した際に市区町村の内容が変更されていれば成功です。都道府県を変更した時に市区町村がスムーズに変更されるのをご覧ください。都道府県の更新の直後通信が発生しますが、変更されるのは市区町村のセレクトボックスであり、快適に利用できることがわかると思います。

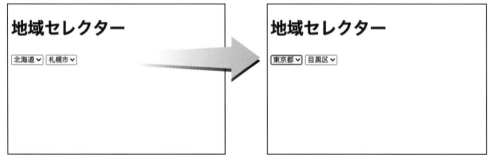

都道府県を選択すると市区町村がセットされる

お疲れ様です！これで本ステップのアプリケーションが完成しました。

いかがだったでしょうか。AJAXの感覚は掴めましたか？

より深くAJAXを理解するための解説はステップ8に譲りますが、もしこの先のステップで理解が追いつかないと感じた場合は、一度このステップに戻ってくると良いでしょう。

STEP 6-5 コードをリファクタリングしてみよう

　余力のある方は、STEP6-4で作成したアプリケーションをクラスを使用したコードに変更してみましょう。STEP6-4のコードをクラスに置き換えるメリットとしては、これまでグローバル関数になってしまっていたgetPrefsやgetCitiesなどがクラスのスコープに閉じることによって、予期せぬ操作が起こりにくくなることです。

　クラスを活用したプログラミングに慣れるためにも練習だと思って挑戦してみてください。以下のようなポイントを押さえていただけると良いでしょう。

1. 地域セレクタの本体を生成する場所（rootElm）をAreaSelectorクラスの外から渡せるようにする
2. オプションタグを作成する処理は変数名が違うだけで同様なため、共通化する（toOptionsHtml）
3. インスタンス変数を定義して状態を持つようにする

インスタンス変数の定義

インスタンス変数名	用途
rootElm	地域セレクタの本体を生成するElement
prefectures	AJAXで取得した都道府県情報
cities	AJAXで取得した市区町村情報
prefCode	現在選択中の都道府県コード

　クラスを利用する際には、このように中心となる情報をインスタンス変数にすると扱いやすくなるでしょう。

　リスト 6-5-01 にクラスで置き換えたコードを示します。次のURL先にも同じコードを用意しました。

DEMO https://books.circlearound.co.jp/step-up-javascript/demos/step6/main_class.js

```js
class AreaSelector {
  constructor(rootElm) {
    this.rootElm = rootElm;
    this.prefectures = [];
    this.cities = [];
    this.prefCode = null;
  }

  async init() {
    await this.updatePref();
    await this.updateCity();
  }

  async getPrefs() {
    const prefResponse = await fetch('./prefectures.json');
    return await prefResponse.json();
  }

  async getCities(prefCode) {
    const cityResponse = await fetch(`./cities/${prefCode}.json`);
    return await cityResponse.json();
  }

  async updatePref() {
    this.prefectures = await this.getPrefs();
    this.prefCode = this.prefectures[0].code;
    this.createPrefOptionsHtml();
  }

  async updateCity() {
    this.cities = await this.getCities(this.prefCode);
    this.createCityOptionsHtml();
  }

  createPrefOptionsHtml() {
    const prefSelectorElm = this.rootElm.querySelector('.prefectures');
    prefSelectorElm.innerHTML = this.toOptionsHtml(this.prefectures);

    prefSelectorElm.addEventListener('change', (event) => {
      this.prefCode = event.target.value;
      this.updateCity();
    });
  }
```

```
  createCityOptionsHtml() {
    const citySelectorElm = this.rootElm.querySelector('.cities');
    citySelectorElm.innerHTML = this.toOptionsHtml(this.cities);
  }

  toOptionsHtml(records) {
    return records.map((record) => {
      return `
        <option name="${record.name}" value="${record.code}">
          ${record.name}
        </option>
      `;
    }).join('');
  }
}

const areaSelector = new AreaSelector(document.getElementById('areaSelector'));
areaSelector.init();
```

❶の箇所だけ今まで使っていない書き方で書き直しました。配列にあるmap関数を利用しています。mapは、元の配列の要素それぞれに同じ演算を加えて、その結果の新たな配列を返します。今回ですとrecordsに含まれる各要素をoptionsタグの文字列に変換しています。最後はその配列をjoinで連結して文字列の戻り値としました。mapはよくお目にかかるので、使えるようになっておくと良いでしょう。付録の「知っておくべき知識」（p. 270）でもご紹介しています。

　ブラウザで動作を確認し、修正前の動きが変わらないことを確認しておきましょう。

STEP 6-6 CORSについて

AJAXを利用していると「CORS」を意識しなければならない場合があります。

CORSとはCross-Origin Resource Sharingの頭文字を取ったもので、日本語に訳すと「オリジン間リソース共有」となります。CORSの詳細については後述するとして、ここではそもそもの背景から順を追って説明していきます。

オリジンと背景知識

オリジンとは「プロトコル、ドメイン、ポート番号」の組み合わせを指します。

⬤ オリジンの構成

現状においては、HTMLやJSON等のWebコンテンツを返却するサーバを示す情報＝オリジンぐらいの認識で良いでしょう。

オリジンは構成情報が一つでも違えば別のオリジンと判断されます。これはサブドメインを使用する場合にも言えます。

例えば「exampleA.com」というドメインと「sub.exampleA.com」というサブドメインが存在する場合、これらは別のオリジンと判断されます。

● オリジンとサブドメイン

http://exampleA.com:80

オリジンは異なる

http://sub.exampleA.com:80

サブドメイン

ポート番号が異なる場合も同じです。通信先のサーバが一台であったとしてもポート番号が違えば別のオリジンと判断されます。

また、80番ポートへのアクセスは、URLからポート番号の表記を省略することができます。したがって、明示的にポートを指定しなかった場合にはポート番号80が指定されたものとして扱われます。

同一オリジンポリシー

ブラウザは「AJAX通信」や「<canvas>からの画像/ビデオフレームの取得」などにおいて、異なるオリジン間での通信を制限します。このルールは「同一オリジンポリシー」と呼ばれています（本書ではAJAX以外の例については扱いません）。

以下は「現在ブラウザに表示されているページ」とは異なるオリジンにAJAXで通信した場合に、Google Chromeのコンソールに出力される情報です。

一つ目のエラーが、同一オリジンポリシーによりブラウザがサーバからのレスポンスをブロックしたことを伝えています。エラーメッセージの中にそれを示唆する「blocked by CORS policy」という表示が確認できますね。

```
✕ Expression
  not available

⊗ Access to fetch at 'http://localhost:8080/' from origin 'htt    localhost/:1
  p://localhost:3000' has been blocked by CORS policy: No 'Access-Control-
  Allow-Origin' header is present on the requested resource. If an opaque
  response serves your needs, set the request's mode to 'no-cors' to fetch the
  resource with CORS disabled.

⊗ ▶ GET http://localhost:8080/ net::ERR_FAILED                          main.js:2
⊗ ▶ Uncaught (in promise) TypeError: Failed to fetch                    main.js:5
⊗ GET http://localhost:3000/favicon.ico 404 (Not Found)            favicon.ico:1

>
```

同一オリジンポリシーに反した際のエラーメッセージ

6
6

CORSについて

157

実際のコードを用いAJAX通信時におけるケースを確認してみましょう。ここではhttp://exampleA.comから返却されたHTMLを表示している状態で別のサーバにAJAX通信を送る場合を例にあげます。

ブラウザに表示されたHTMLからリスト **6-6-01** のJavaScriptファイルを取得し、実行した場合はどうなるでしょうか。

6-6-01 **main.js**

```javascript
async function getContents() {
  const response = await fetch('http://exampleB.com');
  const contents = await response.json();
  console.log(contents);
}

getContents();
```

この場合、図のように「ブラウザに表示しているHTMLを返却するサーバ（http://exampleA.com）」と「AJAXの通信先（http://exampleB.com）」でオリジンが異なっています。

● **オリジンによる制限**

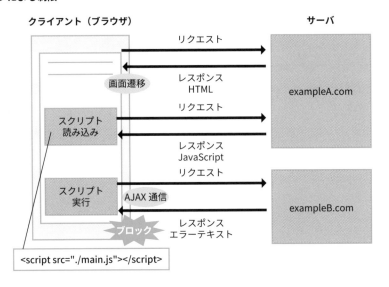

このケースではAJAX通信時のレスポンスがブラウザにブロックされ、リソース（今回はJSON）を読み込むことができません。ここまでの話を次にまとめておきます。

- Web上にあるリソース（HTML/JSON等）のアクセス先を示す情報をオリジンと言う
- 「同一オリジンポリシー」という異なるオリジン間の通信を制限するルールが存在する
- AJAX通信は「同一オリジンポリシー」の対象であるため「オリジンの異なるリソース」の読み込みがブラウザに制限される

CORSとは何か

　同一オリジンポリシーにより、異なるオリジン間でのリソースの読み込みが制限されることはわかりました。しかし、異なるオリジンのリソースを利用したいというケースは時折発生します。そのような場合はどうすれば良いでしょうか。

　その仕組みこそがCORSということになります。CORSでは、図のようにGETメソッドでリクエストを受けたサーバが「このオリジンからの通信を許可する」といったニュアンスの情報をレスポンスに含め、ブラウザ側がそれに従うことで成り立ちます。

● CORS

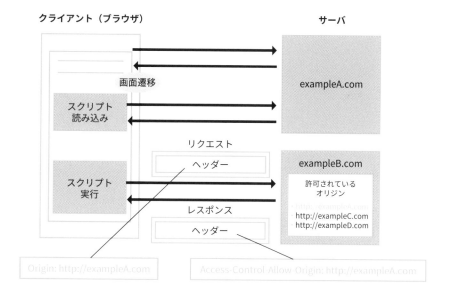

　図のように通常オリジンは、リクエストのヘッダーに含まれサーバに送信されます。
　サーバ側では事前にアクセス可能なオリジンが設定されており、リクエスト元のオリジンを許可するか否かを判断します。この設定は主にバックエンド側のエンジニアが行います。
　アクセスが許可されればレスポンスヘッダーにAccess-Control-Allow-Origin: <origin>とい

う情報を含め、リソースを返します。

　ブラウザはレスポンスヘッダーに「Access-Control-Allow-Origin: アクセス元のオリジン」が存在していることを確認した上で、リソースの読み込みを行います。

　先の例はGETメソッドでリクエストを送るシンプルなフローですが、リクエスト時のHTTPメソッドやヘッダーの内容によっては、もう少し複雑なやりとりが発生します。

　CORSの文脈において、今回例にあげたリクエスト方式は「単純リクエスト」と言います。一方複雑なやりとりが発生する場合のリクエスト方式を「プリフライトリクエスト」と呼びます。

　しかし、リクエスト方式が何であれ「リクエスト時のオリジンとサーバからのレスポンスを見てブラウザがアクセスを制限する」という本質的な部分に変わりはありません。

　本書ではプリフライトリクエストの詳細は割愛しますが、気になる方は調べてみてください[7]。

おしまいに

このステップではAJAXについて学びました。AJAXを利用する際に頻出するJSONについてもここで取り上げています。アプリケーションの一部としてよく出てくるような都道府県の変更ドロップダウンを作成することで理解が深まったのではないでしょうか。

最後にCORSについても簡単ではありますが取り上げました。思ったように通信を成功させられない時にはこの辺りの知識が必要になる場合があります。記憶に留めておきましょう。

※7　CORS https://developer.mozilla.org/ja/docs/Web/HTTP/CORS#examples_of_access_control_scenarios

STEP

7

その他の JavaScript の特性

このステップで学ぶこと

ステップ4でJavaScriptの特性について取り上げましたが、実はもう少しあります。こちらでは「ある程度直感的に使えるけれども、掘り下げるとよくわからなくなってしまうようなもの」や、「過去のコードを読む際によく出てくる」ようなトピックを集めています。

ステップアップのながれ

無名関数

関数と言うと function name() { ... } という形をよく用いると思いますが、JavaScriptでは名前がない関数を作ることができます。これを無名関数と呼びます。名前がないけれども、関数の参照を変数に格納することで名前が付いている関数と同様に呼び出すことができます。

無名関数と意識せずにイベントリスナを仕掛ける場合に利用しているはずです。ステップ2で学習したアロー関数は無名関数のように扱うことができます。

DEMO https://books.circlearound.co.jp/step-up-javascript/demos/step7/
functions

7-1-01   **functions.js**

```javascript
// 無名関数
const testFunction = function(){
  //...
};

testFunction();

// アロー関数は無名関数のように扱えます
const testFunction2 = () => {
  //...
};

testFunction2();
```

リスト **7-1-01** のように無名関数を const宣言した定数で受けると、同名の関数を同じスコープに作成した際にエラーにできて堅牢になるため、好んで使う方もいます。

無名関数に関連して関数の実体についてもう一歩踏み込んでおきましょう。

function test() { … } という表現と var test = function() { … } という表現には、実は本質的な違いがありません。前者の関数定義があった場合、var変数に格納された関数インスタンスであると読み替えても適切に解釈できます[1]。

変数の性質について言及している場合「それは関数に対しても応用できるはずだ」と推察できるでしょう。

※1　厳密にはスコープの扱われ方などに違いがあるので、完全に同一ということではありません。

STEP 7-2 即時関数

即時関数は最近ではあまりお目にかからなくなってきましたが、トランスパイル（ステップ9参照）の結果、自動生成されたコードの中に含まれていることがあります。まだ知っておくと役に立つシーンがあるでしょう。

過去のJavaScriptにはブロックスコープがなかったため、自由な単位でスコープを作成することが難しかったという背景があります。それに対応する方法の一つとして「無名関数を作成し、それをその場で呼び出してしまう」という工夫がありました。これが即時関数です（リスト **7-2-01** ）。

7-2-01 functions.js

```javascript
var testValue = 'test'; ❶
(function(){ ❷
  // この中の処理も順番に実行されます
  var testValue = 'test1'; ❸
  // ...
})(); ❹
console.log(testValue); // => test ❺

// これは上記の即時関数とほぼ同じ動作です
// letやconstはブロックスコープなのでこれだけでOKです
{
  let testValue = 'test1';
  // ...
}
```

無名関数がわかった方は、❷のところから無名関数が始まり、❹のところで終わっていることを読み取れるでしょうか。その無名関数に❹の終端でさらに()を付けて作成した無名関数をその場で呼び出しているのです。

その結果、❶で宣言されたtestValueと❸で宣言されたtestValueは別の変数として扱われます。したがって、❺の結果は「test」と表示されます。

このように即時関数は望む範囲でスコープを作るための工夫だと思っていただければ良いでしょう。

STEP 7-3 クロージャ

クロージャ[2]は JavaScript の関数が持つ仕組みで、他の言語ではあまり見かけない特徴があります。クロージャは「関数が定義されたスコープとその祖先スコープにある変数や関数の使用を維持させる仕組み[3]」です。例を見てみましょう（リスト **7-3-01**）。

DEMO https://books.circlearound.co.jp/step-up-javascript/demos/step7/closure

7-3-01	closure.js

```
function createClosure() {
  const value = 'myClosureValue'; ❶

  function myClosure() {
    // valueはmyClosureの外ではあるが、myClosureと同じcreateClosureの関数スコープ➡
にいるので束縛する
    console.log(value);
  }
  return myClosure; ❷
}

const closure = createClosure(); ❸
closure(); ❹
```

処理系が createClosure 関数を読み込んだ後の実行の流れは以下のようになります。

1. createClosure 関数が呼ばれる（❸）
2. createClosure 関数では myClosure 関数の参照を返す（❷）
3. 2 で受け取った参照を closure 変数に格納する（❸）
4. closure 関数（実体は myClosure 関数）を呼び出す（❹）

スコープが変数の有効範囲であることは以前学びました。この感覚だけで理解しようとすると、2 が終了した時点で「createClosure 内の value 変数（❶）が破棄され、❹の呼び出しでエ

※2　クロージャ https://developer.mozilla.org/ja/docs/Web/JavaScript/Closures
※3　以降の説明ではこの使用を維持させることを「束縛」と呼びます。

ラーになる」と感じるはずです。ですが、このロジックはエラーになることなく動作します。createClosure関数が終了した後もvalue変数にアクセスできています。これはクロージャのおかげです。

● クロージャ

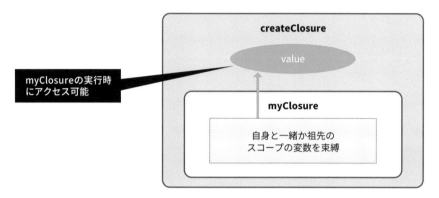

クロージャは関数を定義した場所から「自身と一緒もしくは祖先のスコープの変数や関数」を束縛して、その参照を維持します。これが上記の処理がエラーなく実行できることの仕組みです。

クロージャとカプセル化

過去クラスを持っていなかったJavaScriptにおいて、クロージャの性質がデータのカプセル化[4]に大変便利であったという経緯があります（最新のブラウザではクラスと共にプライベートなインスタンス変数も利用できるようになったため、今後は必要となるシーンが減るでしょう）。

例えば、以下のようなカウンターを作成するコードを見てみましょう（リスト 7-3-02 ）。

```
7-3-02      closure.js

function createCounterObject() {
  return {
    value: 0,
    up: function() {
      // 値を一つ増やす関数
      this.value++;
    },
```

---

[4] 値を必要な場所から"のみ"操作できるようにすることで、意図しない変更から守る考え方です。上手なカプセル化ができるとプログラムのバグを減らすことができます。オブジェクト指向の用語なので、興味がある方は調べてみてください。

```
    down: function() {
      // 値を一つ減らす関数
      this.value--;
    }
  };
}

const counterObj = createCounterObject();
counterObj.up();
counterObj.up();
counterObj.value = 10; ❶
counterObj.down();
console.log(counterObj.value); // => 9
```

　カウンターのオブジェクトを用意した人は「基本的にupとdownだけを利用すれば値を1ず
つ上げ下げできてバグになることはない」と考えているはずです。ですが、❶のようにvalue
を直接代入できるため、想定した動作が壊されることになります。これはカプセル化が不十分
な例です。
　対してカプセル化の考えに則った、リスト 7-3-03 のようなコードを書くことができます。

| 7-3-03 | closure.js |

```
function createCounter() {
  // この値は外からいじることができません
  let value = 0;
  return {
    up: function() {
      value++;
    },
    down: function() {
      value--;
    },
    getValue: function() {
      return value;
    }
  };
}

const counter = createCounter();
counter.up();
counter.up();
counter.down();
// counter.value = 10; // valueは公開されていないのでこの操作では想定のvalueを➡
変更できません
console.log(counter.getValue()); // => 1
```

167

counterはupとdownという操作でだけvalueが変化する概念になっています。upやdown、getValueの各関数はクロージャの性質でvalueを束縛して動作します。そしてcounter.value = 10のように突然想定しない値を代入してしまうことができません。バグの多くは想定しない値に変数が変わってしまうことで起こるため、このカウンターはより堅牢になります。

● カプセル化

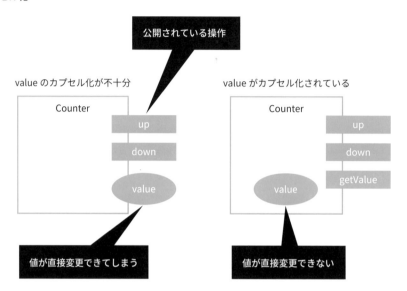

「この程度でバグを埋め込むはずがない」と思う方もいるかもしれません。しかし大きな規模で他人と一緒にコードを書いたりするような際には、このように「想定外の操作をさせないで変数を守る」というような考え方も必要になります。

> **MEMO**
>
> ### クロージャによるカプセル化のデメリット
>
> ここでお伝えした手法でカプセル化を行った場合のデメリットもあります。特に、カウンター内部のvalue変数を開発者ツールなどで確認しづらくなります。そのため今回の手法を避けた上で安易に変更させないことを伝えるため、「_value」のように変数名にアンダースコアを付けるなど様々な工夫がありました。
> 最新のブラウザでは、クラスにプライベート変数のようなカプセル化を促進する機能[5]が利用できるようになってきているので、そういったシーンでは活用すると良いでしょう。

※5　プライベートクラス機能 https://developer.mozilla.org/ja/docs/Web/JavaScript/Reference/Classes/Private_class_fields

STEP 7-4　例外

例外とはどういうものか

　誤ったコードを書いてしまった時に「エラーが発生する」という表現をよく用いると思いますが、このことについてもう少し掘り下げてみましょう。

　開発者ツールのConsoleで、下記のようにまだ定義していない関数名を入れて実行してみましょう。

```
unknownFunction()
```

　すると次のようにエラーの種類とともに赤い文字でメッセージが表示されます。

```
Uncaught ReferenceError: unknownFunction is not defined
    at <anonymous>:1:1
```

　この時の英語の先頭部分は一見読みにくい訳になっています。「捕らえられていないReferenceError」とは一体何のことでしょうか。実は「エラーを捕らえる機能」がJavaScriptを含めた多くの言語には搭載されています。先の内容にちょっと細工をして、以下のような内容で実行してみます（Console上で試しやすいように一行で示しましたが、適宜改行入れても同じ意味合いです）。

```
try { unknownFunction() } catch(e) { console.log('エラーが起きました') }
```

　すると「エラーが起きました」と表示されるのみで、特にエラーと認識されるような赤い文字も英語の表現も発生しませんでした。正常に処理が終了したかのように見えます。

　try‐catchを利用すると「tryの後のブロックで囲った範囲でエラーが発生すると、catchの後のブロックが呼ばれる」という動きが実現できます。つまり何かエラーが起きた時の「プランB」のようなものを作っておくことができるのです（今回のプランBは「エラーが起きまし

た」とconsole.logすることです）。プランBがない場合には、赤い文字のエラー表示を
JavaScriptの処理系が行ってくれます。

　ここまで「エラーが起きる」という言葉で表現していましたが、細かく言うと「例外が投げ
られる」と呼びます（この後出てきますがthrowというキーワードでこの例外の送出が行えま
す）。投げられた例外を誰もcatchしないと、処理系が"標準的なエラー処理の動き"で英語と
赤い文字の表現をしてくれる、という流れです。

　次の絵は例外について図にしたものです。この後の解説を読む前のイメージ作りに活用して
ください。

● Exception

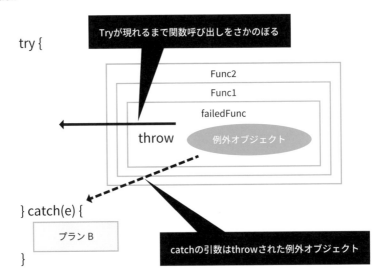

　例えば、ネットワークを利用するアプリケーションを作っているとしましょう。適切に通信
ができる状態ではないけれども処理が呼び出されてしまうことはありえます。その時には
JavaScriptの処理系から「ネットワークが使えない」という意味合いのエラーオブジェクトが
例外として投げられます。try - catchでcatchのところに入ってくるため、その時には「今は
ネットワークが利用できないので、繋いでから実行してください」というようなメッセージを
出してあげることができるのです。

　最初の英語の訳を改めて拾っておきましょう。caughtはcatchという英語の過去分詞形で
す。unは否定の接頭辞なので、「catchがなされていないReferenceError」という把握ができ
ます。ReferenceErrorは発生したエラーの種類を示すオブジェクトです。throwで投げられた
オブジェクトに該当します（詳しくは後述）。

　プログラミングを始めて間もない頃は自分でthrowすることは少なく、ネットワークの例のように「処理系が例外を投げてくれるので、それをどのように処理するかのプランBを決める」ということが多いです。

　しかしthrowを自分のコードに書くこともあります。熟練するほど自らの意思でthrowを書くことは増えていくでしょう。最初はリスト **7-4-01** のような関数呼び出し時のチェックコードなどから入るとわかりやすいと思います。これはdisplayName関数には名前の引数が必要であるのに、入っていない場合には例外を送出するコードです。

`DEMO` https://books.circlearound.co.jp/step-up-javascript/demos/step7/
　　　exception

7-4-01　　exception.js

```javascript
function displayName(name) {
  if(!name) {
    throw new Error('name is required');
  }
  console.log(`名前は${name}です`);
}

try {
  displayName();
} catch(e) {
  console.error(`名前表示に失敗しました: ${e.message}`);
}
```

　バグを減らすための考え方として「適切に動作する前提条件が整っていなければ、実行しない」ということがあります。前提条件に違反している場合には「これは前提が整っていないから適切に処理を継続できない」と知らせます。この時プログラムにthrowを書いて例外オブジェクトを投げます。

　また、これは「『関数の前提条件を、関数の利用者のプログラマが間違えないため』の仕様の明示」とも言えます。

例外がcatchされるまでのルール

　例外が発生した時、どのようなルールでcatchに入ってくるのかを確認しましょう。例外は発生した場所から呼び出し元の関数を順番に辿って過去の呼び出しをさかのぼっていきます。そのどこかの時点でtryされているブロックがあれば、続くcatchに入るものです。

　例外を投げる時には「今この関数内では処理を決められない」という状況にあることがほとんどです。もしも処理を決められるのであれば例外を送出することなく、その場で条件分岐を行えば良いでしょう。

　そして呼び出し元の関数をさかのぼった結果どこかに「例外状況を処理できる（どう処理するのが適切かわかる）」タイミングがあるかもしれません。この場所を見極めてtry-catchを書いておきます。

例外の原因を知る

　ここまでで見たように、プログラムが動く際にはいくつもの例外状況をクリアした上で動作していることがわかります。

- nullの変数を操作するような、プログラマがロジックを間違えた例外
- ネットワーク切断のような、どうやっても防ぎ切ることのできない実行環境に関係する例外

　様々な状況で例外が発生するので、catchした際には「どういう例外状況だったのか」を判断することが必要になることがあります。throwで指定したオブジェクトはcatchで取得できるので、このオブジェクトに情報を持たせておいて判断に利用します。言語の仕様上は様々なオブジェクトをthrowできますが、Errorクラス[6]（組み込みの標準的なエラークラスです）やそのクラスを継承[7]したものを指定することが推奨されます。

　catchした時にはthrowされたオブジェクトの内容を見て処理を分けるのが一般的です。

※6　Error https://developer.cdn.mozilla.net/ja/docs/Web/JavaScript/Reference/Global_Objects/Error
※7　クラスの持つ機能の一つで、あるクラスを基にして別のクラスを生み出す方法です。詳しくはオブジェクト指向について学習してください。

　これまでの内容をある程度まとめてサンプルを用意しました（リスト **7-4-02**）。入力した人数で100円を等分すると1人いくらになるかを計算します。先ほども出てきたURLですが、以下のデモで動きを見ながら確認してみてください。

DEMO https://books.circlearound.co.jp/step-up-javascript/demos/step7/
　　exception

　アプリケーションの動きとしては、

- 入力が正の整数でない場合には「入力値は正の整数を入れてください。リロードします」というメッセージとともに、リロードして再度入力を促します（サンプルの簡略化のためparseIntで処理できない場合を整数でないと判断します）。
- 予期しないエラーが発生したら「予期しないエラーが発生しました。終了します」というメッセージとともに、console.errorにエラーの内容を出力します。

　share関数の仕様は下記のようになっています。主に入力チェックをこの関数で行い、チェックに合格できない時にはInputErrorを送出する仕様としました。

- 入力が数値でなければ「入力値が不正です」のメッセージとともにInputError例外を出します。
- 計算できない数値の場合には「正の整数で入力してください」のメッセージとともにInputError例外を出します。

7-4-02	exception.js

```
class InputError extends Error {}

function share(input) {
  const value = parseInt(input);
  if(!Number.isInteger(value)) {
    throw new InputError('入力値が不正です'); ❶
  }
  if(value < 0) {
    throw new InputError('正の整数で入力してください');
  }
  return divide(100, value);
```

```
}

function divide(lhv, rhv) {
  if(rhv === 0) {
    throw new Error('0では演算できません'); ❷
  }
  return lhv / rhv;
}

try {
  const input = prompt('100円を分ける人数を入力してください', 1);
  const result = share(input);
  alert(`1人分は${result}円です`);
} catch(e) {
  if(e instanceof InputError) {
    alert('入力値は正の整数を入れてください。リロードします');
    location.reload();
  } else if(e instanceof Error) {
    console.error(e);
    alert('予期しないエラーが発生しました。終了します');
  }
}
```

このサンプルでは以下のような形でいくつかのことが試せます。

- 「2」を入力：正常に計算処理できます。例外は発生しません。
- 「あ」を入力：share関数内でInputErrorが発生します（❶）。最上位のcatchに入り「入力値は正の整数を入れてください。リロードします」と表示され、リロードします。
- 「0」を入力：本来share関数の入力チェックで処理するはずの内容ですが、プログラマが誤ってしまったため、divide関数の中でErrorが投げられます（❷）。Errorはshareではcatchされないため、最上位のcatchに入り、予期しないエラーとして処理されます。

catchした後の分岐の判断

多くの言語の例外処理ではcatchしたオブジェクトの型によって処理を分岐しますが、JavaScriptではこのような動作がありません。したがってcatchで取得した例外オブジェクトをinstanceof等で判断して分岐を行います。

STEP 7-5 プリミティブ型／オブジェクト型と参照

JavaScriptで利用できる型はプリミティブ型、オブジェクト型に大別できます。ここではこれらの型について学びましょう。また、これらの型の特徴を理解するのに不変（Immutable）について理解していると良いので、その内容もこの中で扱います。

プリミティブ型

数値や文字列など、基本的な型のことをプリミティブ型と呼びます。ES6までのJavaScriptでは以下のようなプリミティブ型が定義されています。

- Number（数値）
- String（文字列）
- Boolean（真偽）
- Undefined
- Symbol（シンボル）
- Null

NumberやString、Booleanなどはお馴染みですね。Symbol[8]は新しい型で、普段コードを書く際はあまり使わない人もいるでしょう。Null[9]は少し特殊なので一番最後にあげました。
オブジェクトの型を判別するtypeof演算子を使ってそれぞれのプリミティブ型がどのように判別されるか書いてみました（リスト 7-5-01 ）。ほぼ全てのプリミティブ型はそれぞれの型の名前の文字列を返してくれるのですが、nullだけはobjectと解釈されました。こちらが"null"という文字列を返さないのには歴史的な経緯があります。

DEMO https://books.circlearound.co.jp/step-up-javascript/demos/step7/
primitive

※8 Symbol https://developer.mozilla.org/ja/docs/Web/JavaScript/Reference/Global_Objects/Symbol
※9 null https://developer.mozilla.org/ja/docs/Web/JavaScript/Reference/Global_Objects/null

```
7-5-01        primitive.js
```

```javascript
// Number 数値
const typeNum = typeof 3;
console.log(`typeof 3: ${typeNum}`); // => typeof 3: number

// String 文字列
const typeStr = typeof "テスト";
console.log(`typeof "テスト": ${typeStr}`); // => typeof "テスト": string

// Boolean 真偽
const typeBool = typeof true;
console.log(`typeof true: ${typeBool}`); // => typeof true: boolean

// Undefined
const typeUndefined = typeof undefined;
console.log(`typeof undefined: ${typeUndefined}`); // ➡
=> typeof undefined: undefined

// Symbol シンボル
const typeSymbol = typeof Symbol('test');
console.log(`typeof Symbol('test'): ${typeSymbol}`); // ➡
=> typeof Symbol('test'): symbol

// Null
const typeNull = typeof null;
console.log(`typeof null: ${typeNull}`); // => typeof null: object
```

オブジェクト型

　プリミティブ以外の全ての型はオブジェクト型です（リスト 7-5-02 ）。例えば組み込み型である Date 型はオブジェクト型に分類されます。私たちが自分でObjectを作成するカスタム型もオブジェクト型に分類されます。

```
7-5-02        primitive.js
```

```javascript
// Date 日時
const typeDate = typeof new Date();
console.log(`typeof new Date(): ${typeDate}`); // => typeof new Date(): object
```

不変（Immutable）

　特にプリミティブ型への理解を深めるにあたって、Immutableという概念を知っておくと良いでしょう。Immutableの型は「一度作成されたオブジェクトが変更されない」「変更したい場合には新しいオブジェクトを作成する」という決めごとで作成されています。JavaScriptのプリミティブ型はImmutableの考え方で作成されています。

　リスト **7-5-03** はImmutableの例としてStringを操作したサンプルです。

7-5-03　　　**primitive.js**

```
let testStr1 = 'Hello';
const testStr2 = testStr1;
console.log(testStr1, testStr2); // => Hello Hello
testStr1 = testStr1.concat('World'); ❶

// 以下の二つは違う値を示している
console.log(testStr1, testStr2); // => HelloWorld Hello
```

　Stringに利用できるconcat関数は「自身と連結した文字列を新たに作る」という動作になります。❶では新しい文字列"HelloWorld"が誕生してtestStr1に代入されます。

　Stringの関数群はこのように「違う文字列を作り出す時には自分とは別の新しい文字列を作る」という統一された考え方で作成されています。その結果、作成されてから文字列自身の内容が変更されることはありません。これがImmutableの考え方です。

　一方、Immutableではない（Mutableな）オブジェクト型の例としてDateを操作したサンプルを示します（リスト **7-5-04** ）。

7-5-04　　　**primitive.js**

```
const testDate1 = new Date();
const testDate2 = testDate1;

// 時刻は実行した時の時刻が表示されます
console.log(testDate1, testDate2); // => Mon Feb 08 2021 18:05:26 GMT+0900 ⇒
（日本標準時）Mon Feb 08 2021 18:05:26 GMT+0900（日本標準時）

testDate1.setYear(11223); ❶

// 以下の二つは同じ値を示しています
console.log(testDate1, testDate2); // => Wed Feb 08 11223 18:05:26 GMT+0900 ⇒
（日本標準時）Wed Feb 08 11223 18:05:26 GMT+0900（日本標準時）
```

DateのsetYearは「自身に新しい年を設定する」という動作をします。❶では最初にtestDate1に代入されたDateの情報そのものが変更されます。Stringの時のように新しいDateが生成されることはありません。つまり、Mutableの場合にはtestDate2のように先に参照を介して値を共有している変数があった時、testDate1の変更に影響を受けます。

ここではこれ以上は深く触れませんが、一般的にImmutableには次のようなメリットがあります。

- 変数の参照を関数等に渡して処理を行った際、その処理の結果で元の変数の値が変化しないことが保証され、バグが減ります。
- 実行環境側の最適化により同じ内容を同一のメモリで管理する仕組みにできる場合があり、パフォーマンスが良くなる可能性が上がります。

メモリをイメージする

この後はプリミティブ型／オブジェクト型についてより深い理解を得るためにコンピュータのメモリについて意識する内容をお伝えします。この話に限らずコードを書く際に「コンピュータの中でどのようなことが起きているか」をある程度理解すると、効率の良いコードが書けたり、動作の推察がしやすくなります。

話題の中心になるメモリは「変数等の情報の一時保管場所」と考えるとわかりやすいでしょう。「何番のメモリ領域」と表現されるので、この後の説明ではマス目の表現で示します。

ゴールとして以下のようなところが明瞭になることを目指しています。

- プリミティブ型には**代入や編集時に新しい実体を作る**規則があること
- オブジェクト型には**参照の代入が行われ、実体が共有される**規則があること

注意として、プログラムの動きを理解するのに問題ないレベルの抽象化をしている部分があります。具体的な処理系の実装とは異なる可能性があることを理解の上読み進めてください。

プリミティブ型：Stringを題材にしたメモリ操作

コンピュータの中で利用する文字列は「複数の連続したメモリ領域」として実現されることが多いです。JavaScriptの場合も同様の仕様です[※10]。

● **String操作のメモリイメージ**

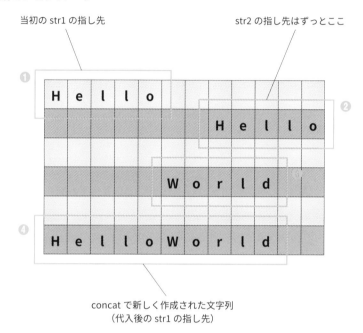

当初の str1 の指し先

str2 の指し先はずっとここ

concat で新しく作成された文字列
（代入後の str1 の指し先）

例えば以下のように文字列の変数を一つ定義すると、図の❶のように、メモリのどこかに"Hello"の文字列を格納した場所が作られます。そしてその値をstr1の変数が指し示します。

DEMO https://books.circlearound.co.jp/step-up-javascript/demos/step7/
memory/

```
let str1 = 'Hello';
```

※10 JavaScript のデータ型とデータ構造 https://developer.mozilla.org/ja/docs/Web/JavaScript/
Data_structures#string_type
Primitive https://developer.mozilla.org/ja/docs/Glossary/Primitive

次に、以下のような変数の代入を行います。

```
const str2 = str1;
```

この時、str1が指していた "Hello" の情報が複製されて（❷）、str2はそのメモリを指し示します。結果として二つの変数は同じ内容の文字列を意味することになりますが、実体は別の情報です。

その後、str1にconcatを利用してWorldと連結するコードを動かしたとします。

```
str1 = str1.concat('World');
```

まず "World" を示す文字列はメモリのどこかに確保され（図中❸）、concat関数の実行の結果、連結後の文字列として❹のように "HelloWorld" の文字列が新たに作成されます。最後に代入によってstr1の指し示す先が❹の場所に変更されます。この操作がstr2に影響を与えることはありません。

以上のような動きは、JavaScriptだけでなく様々な言語で実装される典型的な文字列の動作に近いものです[11]。文字列はメモリのどこかに格納されて、「その情報を直接変更することはせず、変更する際に新たな場所を確保する」という Immutable な動きで実装されることが多いです（言語によってはこの Immutable な文字列以外に、実体が変更される Mutable な文字列も用意される場合もあります）。

プリミティブ型については以下のポイントを押さえておきましょう。String を例にしましたが、Number など他のプリミティブ型でも同様です。

- 変数の代入の時には新しくメモリ領域を確保した「コピー」が行われ、別の実体として扱われる
- Immutableの性質があるので、編集操作では新しい実体を作成する

※11　実際には言語や処理系の実装による最適化等によって内部実装が違っている可能性は十分ありますが、コードの動作を理解する際には大きな問題は発生しないでしょう。

```
const custom1 = {message: "Hello"};
```

　例えばcustom1として、カスタムオブジェクト（サンプルのように、プログラマが自分で作成するObjectのことです）を作成したとします。messageというプロパティを持っていて、値は"Hello"です。この時、新たに作成されたオブジェクトは❸のようにメモリのどこかに確保され、messageプロパティは図中の❷のようにメモリ上にある"Hello"という文字列を指し示しています。

● カスタムオブジェクト操作のメモリイメージ①

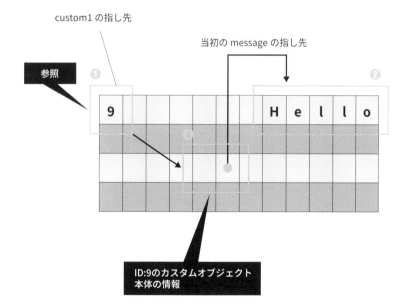

　変数custom1は今メモリ上に作成されたオブジェクトの参照を指します。参照とはオブジェクトを一意に示すIDだと考えてください。今回は例として図中で9という値を示しましたが（❶）、実際にはどういう値が入るかは都度違うものになりますし、通常JavaScriptのプログラムでそれを確認することはできないでしょう。

　オブジェクト型の変数では、変数に格納されている値はオブジェクトへの参照です。「オブジェクトそのものではない」ことに注意してください。オブジェクトの操作はこの参照を介して行っています。

次に以下のような変数の代入を行います。

```
const custom2 = custom1;
```

● **カスタムオブジェクト操作のメモリイメージ②**

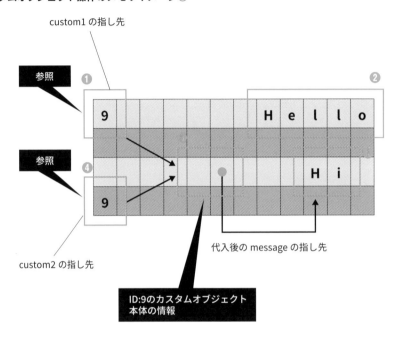

custom1 の指し先

参照 ❶

9

参照 ❹

9

❷

H e l l o

H i

代入後の message の指し先

custom2 の指し先

ID:9のカスタムオブジェクト
本体の情報

　ここで起こることは参照の代入です。したがって9という参照をコピーしたメモリ領域が新たに作られ、custom2の指し先になりました（❹）。結果、custom1とcustom2は❸のオブジェクトを共有しています。

　さらにcustom1のmessageプロパティを変更しましょう。

```
custom1.message = "Hi";
```

　この操作で、messageプロパティは新たにメモリ上に作られた"Hi"を指し示すように変更されました（❺）。

　custom1、custom2が指している参照は変更されませんが、その参照が示すオブジェクトのmessageは変更されており、当然どちらでmessageを確認しても"Hi"が返ります。

```
console.log(custom2.message); // => Hi
```

オブジェクト型については以下のポイントを押さえておきましょう。

- 変数の代入の時には参照のコピーが行われ、同じ実体を共有する
- 編集操作では新しい実体を作成せず、自身が変更される（オブジェクト型でも工夫することでImmutableにできるが、基本的にはMutable）

MEMO

どこまで勉強すべきか？

コンピュータの内部の動きは突き詰めると電気の世界まで辿り着いてしまいます。ここまでのレベルを細かく理解しなくとも、ある程度抽象化された内容の把握でWebのプログラムを書く上では十分な知識になるでしょう。同様の考え方はメモリの話だけではなく、ネットワークの話などいくつか似たようなトピックがあります。「どのレベルまで理解すれば適切か」が見えてくると学習し過ぎが減り、効率よく技術を習得できるはずです。

関数の引数との関係

プリミティブ型とオブジェクト型の変数の代入について整理できていないと、特に関数の引数で勘違いしてしまうケースがあります。「引数に値を渡す際に代入が起こっている」とイメージできると先の代入の内容と同様に考えることができます。

例えばリスト **7-5-05** に示したプリミティブ型が引数のコードを確認しましょう。

7-5-05　**memory.js**

```
function concatWorld(str) {
  str = str.concat('World'); // str1 が 'HelloWorld' になりそうに思うかもしれない
}

const str1 = 'Hello';
concatWorld(str1);
console.log(str1); // => 'Hello' // 変更はされない
```

concatWorld関数はstr1に'World'という文字列を連結してくれそうに感じてしまうかもしれませんが、実際にはstr1は変更されることはありません。これは、関数の引数に渡される時にstr1の値のコピーが起きるため、引数strが別のメモリを指しているためです。そのためstrが指すメモリの文字列をいくら操作しても、元になったstr1へ影響を与えることはできません。

今度は逆のケースです。リスト **7-5-06** に示した、オブジェクト型が引数のコードを確認しましょう。

7-5-06　　**memory.js**

```javascript
function concatWorld(custom) {
  custom.message = custom.message.concat('World');
}

const custom1 = {message: "Hello"};
concatWorld(custom1);
console.log(custom1); // => {message: "HelloWorld"}
```

オブジェクト型の引数を与えた場合には、参照を介してcustom1と引数customは同じ実体のオブジェクトを指します。したがって、customを操作した結果はcustom1にも反映されます。

先にプリミティブ型である文字列の操作について確認した結果とは異なるため、注意が必要です。

MEMO　コンピュータへの理解を深めよう

コードを書き始めたばかりの時には「書いたコードの結果、コンピュータの中で何が起こるのか」の理解が希薄なことは多いです。しかし、コンピュータ内部の動きが推察できると適切なコードを書きやすくなります。

言語の書き方を学ぶだけでなく、その裏で起きていることの理解も深めることで問題に対応しやすくなるでしょう。

おしまいに

ここでは以下のようなことを学びました。

- 無名関数の仕組みによって名前のない関数を作ることができる。
- 即時関数はスコープを作成するための関数の書き方で、今ではブロックスコープで代用できることも多い。トランスパイルされたコードなどで見かける。
- クロージャは関数が定義されたスコープとその祖先のスコープにいる変数の利用を維持させる仕組みのこと。
- 例外を利用することでプログラムが実行不可能な状態であることを知らせることができ、適切な箇所で回復するか終了するかなどの判断を行える。
- プリミティブ型/オブジェクト型の区別と、Immutableという概念について。メモリを意識することで動作への理解を促進する考え方について。

プリミティブ型／オブジェクト型と参照

非同期処理について知ろう

STEP 8　このステップで学ぶこと

JavaScriptでは、通信などの時間のかかる処理を行う場合には非同期の仕組みを利用して処理を行います。この動きは「プログラムは上から下に順番に実行される」という最初に持つイメージとは違うので、慣れないうちはうまく扱えないこともあります。

難しいトピックではあるものの、非同期処理を使いこなすことがJavaScriptを使いこなすことにも通じるほど重要な機能です。

歴史的経緯などを含めて全て書こうとすると、それだけで膨大な内容の理解が必要になってしまいます。まずは「概念把握をした上でasync/awaitを利用して処理を書ける」ことがこのステップの目標です。メカニズムの理解のためにPromiseの解説もありますが、ES6のコードが許されている場合にはasync/awaitで書けるので、最初の目標としてasync/awaitをコントロールできるようになると良いでしょう。

ステップアップのながれ

STEP 8-1 同期・非同期

　まず「同期・非同期」という言葉について理解を深めると助けになるでしょう。

　普段皆さんが書いているプログラムのコードは基本的に上から下に順番に進んでいきます。もしも大量の計算のような"時間のかかる処理"があったとしても、その計算が全部終了するまで待ち、全て終わってから次の処理を実行します。これが「同期」のイメージです。

　対して「非同期」の処理は一つ一つの処理を待たずに、同時に複数の処理を動かせる概念です。

● 同期と非同期

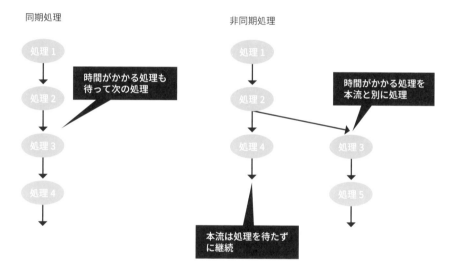

　非同期は「UIの使いやすさ」を考えると避けて通ることが難しいです。例えば全ての処理を同期で待つシステムを作ると、ユーザが時間のかかる操作をする度にアプリケーションの動作が停止してしまいます。何か行う度に無反応になってしまうシステムは使いづらいので、非同期を利用して快適に動作するように作ります。

● 非同期の利点

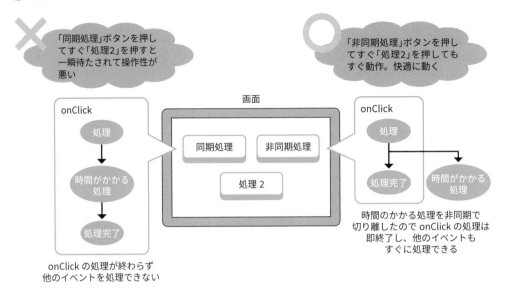

ブラウザが用意している関数は「console.logのように同期で動作するもの」「fetchのように非同期で動作するもの」のように提供側が同期・非同期を決めています（つまり通信のような時間のかかる処理には最初から非同期の関数が提供されています）。したがって、基本的にはシステムが用意している関数を自然に利用することで、ある程度快適な操作感になるでしょう。

MEMO

他言語では

JavaScriptではこのような同期・非同期の考え方が中心ですが、他の言語や環境ではまた違った仕組みが提供されていたりします。

STEP 8-2 async/await

非同期処理を「待つ」async/await

　通常は非同期の処理を開始したら、それを待たずに次の処理を行う動きになるのですが、その結果を「待ちたい」「非同期の処理が**終わったら**その結果を使って処理したい」というシーンはよくあります。よくあるのですが、安易にコードを書くと複雑になりやすく、長年JavaScriptプログラマを悩ませてきました。

　現在に至るまでは長い歴史があるのですが、付録に譲ることにします（本書付属データ（PDF）[1]の「付録C　非同期処理の歴史」を参照）。興味のある方はこのステップを読み終えてからご覧ください。

　ここでは現在最も新しく理解しやすい手法として、async/awaitについての話を進めます。

　先ほど「待つ」と表現しましたが、これは他の処理を止めてしまうような同期的な待ちとは異なります。実体はあくまでも非同期の処理なので、厳密に書くと「前の非同期の処理が終わったら、次の処理を始める」ことです。async/awaitのコードを読む目線で考えると「待つ」という表現がシックリくると思うので、以下は「待つ」と表現します。

async/awaitを理解する

　皆さんは既にステップ6でasync/awaitを利用したコードを書いています。その時は深い理解を一旦置いておくことで進めてしまいました。そのコードを改めて見てみましょう（リスト 8-2-01 ）。

8-2-01　async_await.js

```javascript
async function displayMessage() {
  const response = await fetch('./hello.json');
  const data = await response.json();
  const messageElm = document.getElementById('message');
  messageElm.innerHTML = data.message;
}

displayMessage();
```

---

[1]　次のURLから入手できます。https://www.shoeisha.co.jp/book/download/9784798169835

処理の流れがわかるように3箇所にconsole.logを入れて書き直します（リスト **8-2-02**）。これで動かしてみましょう。

DEMO https://books.circlearound.co.jp/step-up-javascript/demos/step8/
async_await

8-2-02	async_await.js

```javascript
async function displayMessage() {
  const response = await fetch('./hello.json');
  const data = await response.json();
  const messageElm = document.getElementById('message');
  messageElm.innerHTML = data.message;
  console.log('終了');
}

console.log('開始前');
displayMessage();
console.log('開始後');
```

図にすると以下のようになります。

● **displayMessage の動作**

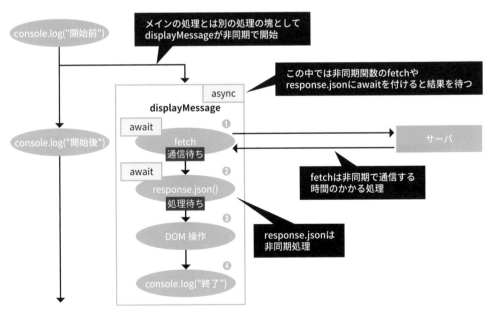

displayMessage関数の処理について細かく順序を確認しましょう。async指定がなされているので、この関数の中の処理はawaitを付けることで非同期の処理が終わるのを待つことができます。

1. awaitを付けてfetch関数を呼び、通信が終わるのを待つ。その結果をresponse変数に返す（❶）。
2. awaitを付けてresponse.json関数を呼び、変換処理を待つ。結果をdata変数に返す（❷）。
3. DOM操作を行う（❸）。
4. console.logで出力する（❹）。

console.logの出力内容

本流の処理はasyncのdisplayMessage関数を待ちません。そのため「開始後」という表示が「終了」よりも前に表示されているのです。

STEP 8-3 Promise

　先に紹介したasync/awaitが導入されるまでは、非同期処理はPromise[2]の記法で頻繁に書かれていました。ただ、Promiseの記法はそれまでよりは改良されていたものの「事前学習なしに容易に理解できるレベル」には達しておらず、初見では読み解くのに苦労する仕組みです。

　このような背景からasync/awaitは「Promiseのロジックを直感的に書ける」という位置付けで新しく導入された記法です。そのため二つの書き方は相互に関係しており、両者を混在させたコードを書くことも可能です。

　async/awaitの理解を深めるには根底にあるPromiseの理解が欠かせないので、ここからPromiseのことを学んでいきましょう。

Promiseの基本動作

　ここではリスト 8-3-01 のようなサンプルコードの動きが理解できることが目標です。今は正しくは読み解けないかもしれませんが「こういうコードの話をしているのだ」というイメージを持って読み進めてください。

DEMO https://books.circlearound.co.jp/step-up-javascript/demos/step8/
　　　promise

8-3-01　promise.js

```
function fetchHello() {
  const promise = fetch('./hello.json'); ❶

  const onFulfilled = (data) => { ❷
    console.log('通信成功しました');
  };

  const onRejected = (err) => { ❸
    console.log('通信失敗しました');
  }
  return promise.then(onFulfilled, onRejected); ❹
}
```

※2　Promise https://developer.mozilla.org/ja/docs/Web/JavaScript/Reference/Global_Objects/Promise

内容は「./hello.jsonへ通信をして、成功すれば"通信成功しました"、失敗すれば"通信失敗しました"と表示する」非同期通信のコードです。

　fetch関数はPromiseを戻り値にしているので、これを例としてPromiseを確認します。

　ここではPromiseが持っている状態の種類や基本操作を見ていきます。

● **Promiseの状態**

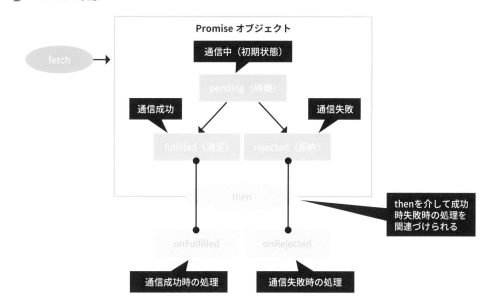

　まず、fetch関数を呼ぶと通信が開始され（❶）、同時にPromiseオブジェクトが生成されます。通信を開始した後は「通信中」「通信成功」「通信失敗」の3つの状態があることは疑いないでしょう。Promiseはこのような状態を管理するものです。

　さらに❹のようにthen関数を介して通信が成功した時の処理、失敗した時の処理を関連づけておくと、状態が変化した際に自動で呼び出してくれます。

- 成功時に呼び出されるのは❷のonFulfilled関数で、引数dataは通信のレスポンスオブジェクトです。ここからレスポンスされたJSONなどの情報を取得できます。
- 失敗時に呼び出されるのは❸のonRejected関数で、引数errは失敗の理由を示すErrorオブジェクトです。

　プログラム上のタイミング、通信の状態、Promiseの状態、Promiseから呼び出される処理を整理すると次の表のようになります。

Promiseの流れ

タイミング	通信の状態	Promiseの状態	Promiseから呼び出される処理
fetch関数の開始直後	通信前	（オブジェクトがない）	（なし）
fetch関数の終了直後	通信中	pending（待機）	（なし）
通信が成功した場合	通信成功	fulfilled（満足）	thenの第一引数に渡した関数（onFulfilled）
通信が失敗した場合	通信失敗	rejected（拒絶）	thenの第二引数に渡した関数（onRejected）

　注意が必要なのは「非同期関数であるfetchは通信開始したら役目を終えて、すぐに次の行の処理を開始する」ことです。awaitを使った時は通信の終わりを待ちましたが、使っていないため**待ちません**。これを理解するために時系列で追うと下図のようになります。

⬤ **fetchHello と Promise**

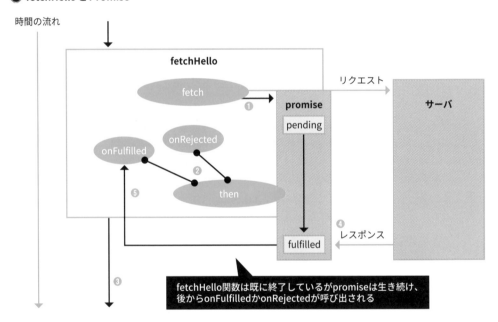

1. fetchHelloが呼ばれる。
2. fetch関数を呼び出したところで**通信が開始**され、同時にPromiseが作成される（❶）。
3. thenを使ってonFulfilled、onRejectedを関連づける（❷）。もし一瞬で通信が終わったとしても、この処理の方が先に実行されることは保証されている[※3]。

※3　同期のコードは非同期のコードの終了よりも優先して実行されることが言語で保証されています。例えば❸以降でfetchHello関数の戻り値に対して同期で操作した時、その操作の方がonFulfilledが呼ばれるよりも先に実行されます。

4. fetchHello 関数が終わり、fetchHello の続きのコードが実行される（❸）。

5. しばらくするとレスポンスが返って**通信が終了する**（❹）。

6. レスポンスの内容によって以下のどちらかが起きる。

　　1. 成功なら Promise の状態が fulfilled に変化して onFulfilled 関数が呼ばれる（❺）。

　　2. エラーなら Promise の状態が rejected に変化して onRejected 関数が呼ばれる。

❷、❸ の段階が「まだ通信中である」ということを意識しておいてください。通信が終わるまでに❷の段階として then 関数で通信後の処理関数を関連づけています。

最初のコードは理解のために冗長に書きましたが、実際にはリスト **8-3-02** のようにひとまとめに書くことが多いです。これでも動作は同じになります。

8-3-02　　　**promise.js**

```javascript
function fetchHello() {
  return fetch('./hello.json').then((data) => {
    console.log('通信成功しました');
  }, (err) => {
    console.log('通信失敗しました');
  });
}
```

Promise の連結

then 関数はさらに Promise を返し、次の then を連結して書くことができます。displayMessage を Promise に直した次の例を確認してください（リスト **8-3-03**）。リスト **8-2-02** のコードと比較してみると動きが掴みやすいはずです。

8-3-03　　　**promise.js**

```javascript
function displayMessagePromise() {
  return fetch('./hello.json').then((response) => { ❶
    return response.json();
  }).then((data) => { ❷
    const messageElm = document.getElementById('message');
    messageElm.innerHTML = data.message;
    console.log('終了');
  });
}
```

①、②の箇所でthenが呼ばれており、処理は上からresponse.json、DOM操作、console.logと実行されます（thenの第二引数は省略できるので、エラー処理を省きました）。次の図も一緒に確認してください。

● Promiseの連結

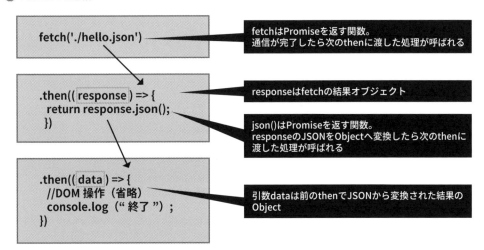

また、returnを付けているので最後のthenが返すPromiseがdisplayMessagePromiseの戻り値です。つまり、さらに続けてリスト **8-3-04** のように書くこともできます。続けた内容は最後に実行されます。

8-3-04 promise.js

```
displayMessagePromise().then(() => {
  console.log('displayMessageが終わりました');
});
```

非同期の操作は「何かの非同期処理が終わったタイミングで次の処理を行う」ことが多いので、Promiseの操作はthenが数珠繋ぎになることがよくあります。イメージとしては以下のような二つのフェーズを行っていると理解すると良いでしょう。

1. thenを繋いで連続した非同期処理を定義しておく（ここではthenに渡した処理は実行されない）。
2. 最初の非同期処理（今回はfetch）が終わったタイミングを契機にして、1で作った連続した処理が頭から実行される。

　Promiseの解説時にthenの第二引数がエラー時の処理であることをお伝えしました。最近はこの記法よりも、catch関数を利用することが多いです（リスト **8-3-05** ）。こちらも合わせて理解すると読みやすいコードが書けるでしょう。

8-3-05　　*promise.js*

```
function displayMessagePromise() {
  return fetch('./hello.json').then((response) => { ①
    return response.json(); ②
  }).then((data) => {
    const messageElm = document.getElementById('message');
    messageElm.innerHTML = data.message;
    // 例えば以下のように例外が発生してもcatch関数で捕まえられる      ③
    // throw new Error("テストエラー");
    console.log('終了');
  }).catch((err) => { ④
    console.log(`displayMessagePromiseの処理中にエラーが発生しました： ➡
${err.message}`);
  });
}
```

　④でthenの数珠繋ぎの後にcatchを繋げています。これを付けると、①のfetchや②のresponse.jsonのrejectedも、③のようなロジック中に発生する例外もまとめて捕まえることができます。この動きはasync/awaitでのtry-catchと対応しています。async/awaitではリスト **8-3-06** のように書けることと対比して理解すると良いでしょう。

8-3-06　　*promise.js*

```
async function displayMessage() {
  try {
    const response = await fetch('./hello.json');
    const data = await response.json();
    const messageElm = document.getElementById('message');
    messageElm.innerHTML = data.message;
    console.log('終了');
  } catch (err) {
    console.log(`displayMessageの処理中にエラーが発生しました： ${err.message}`);
  }
}
```

async と Promise

続けて async と Promise の関係について考えていきましょう。

async 指定がされた関数は「戻り値が**必ず** Promise になる」という仕組みがあります。

- return で Promise が返されていればその Promise が戻り値になる
- return で Promise が返されていなければその値を Promise で取得できる形に変換した上で Promise が返る（この Promise はすぐに成功して、値が取得できる）

したがって async の関数である displayMessage も以下のように then を繋げてコードを書くことができるのです。

```
displayMessage().then(()=>{
  console.log('displayMessage が終わりました')
})
```

結果として displayMessage の非同期の処理が全て終わってから「displayMessage が終わりました」と表示されるでしょう。

以上の内容からわかるように、async/await で書いたコードと Promise で書いたコードは相互に対応しています。お互いに書き直しもできますし、混在させることも可能です。これは async/await が生まれた歴史的経緯と関連しています。付録に内容を記しましたので参考にしてください。

非同期処理でよくある悩みへの対応

既存の処理を Promise 化したい場合

　fetchのように関数自身がPromiseに対応しているケースは比較的書きやすいですが、対応していないものもあります。そういう場合Promiseを返す関数に書き直せます。Promise化（Promisify）と呼ばれます。

　Promise化は new Promise(callback) で行えます。callbackは処理内容の関数です。

　callback関数には成功時に呼び出すべき関数（resolve）、失敗時に呼び出すべき関数（reject）が引数で渡されるので、この二つの関数のどちらかを処理が終わった際に呼び出すコードを書きます。

　簡単な例として指定した秒数待ってから処理をするwait関数を書きました（リスト **8-4-01** ）。

DEMO https://books.circlearound.co.jp/step-up-javascript/demos/step8/faq

8-4-01　　**faq.js**

```
function wait(sec) {
  return new Promise((resolve, reject) => {
    setTimeout(() => {
      resolve(`${sec}秒たちました`);
      // もしも失敗する時には以下のように呼ぶと失敗を知らせられる
      // reject(new Error('エラーです'));
    }, sec * 1000);
  });
}

wait(3).then((msg) => {
  // ここは3秒後にコールされます
  console.log(msg); // => 3秒たちました
}).catch((err) => {
  console.log(err.message);
});
```

　Promiseにできたのでasync関数の中でリスト **8-4-02** のように利用することもできます。

```
8-4-02        faq.js
```

```javascript
async function wait3sec() {
  const msg = await wait(3);
  // 3秒後に下記が実行される
  console.log(msg); // => 3秒たちました
}
```

複数の非同期処理の完了後に何かしたい場合

　「複数の通信を同時に始めて、両方のレスポンスが終わったら何かする」処理などの場合です。複数の非同期処理の終了を管理する時は煩雑な実装になりがちなので、このようなケースでは Promise.all を利用すると良いでしょう。

　ここでは先に書いた wait 関数を使って概念を掴みます（リスト **8-4-03** ）。

```
8-4-03        faq.js
```

```javascript
async function waitMultiple() {
  const promises = [
    wait(3), ❶
    wait(5) ❷
  ];

  const messages = await Promise.all(promises);
  console.log(messages); ❸
}

waitMultiple();
```

　❶と❷は3秒及び5秒後に実行する処理を開始した上で、その結果を待つ Promise を戻り値とします。つまり、promises には pending 状態の Promise オブジェクトの配列が入ります。Promise.all は Promise オブジェクトの配列を渡しておくと、全ての Promise が完了してから続きの処理を行います。

　結果、5秒たった後で❸の行が呼ばれることになります（3秒の時点では何も起きません）。messages には、それぞれの Promise の結果が配列として入っています。つまり ["3秒たちました", "5秒たちました"]のような配列が得られます。

　複数の非同期処理が完了してから動作を行いたいシーンでは Promise.all をぜひ活用してく

ください。

　また、ここではwait関数を利用しましたが、Promiseであれば何でも利用できます。先述のようにasync関数はPromiseを戻り値として返すので、Promise.allとasync関数は一緒に利用することができます。

課題

これまでの学習を実際のコードで確かめてみることで定着させていきましょう。

1. STEP6-4（p.144）で書いたアプリケーションを Promise を利用して書き直しましょう。
2. 1とは別に次のような修正を行いましょう。STEP6-4 では都道府県を選択操作した後に市区町村の JSON を取得していましたが、市区町村の3つの JSON を起動時に Promise.all で全て取っておき、その後通信が発生しないように修正しましょう。

おしまいに

ここでは以下のようなことを学びました。

- 同期・非同期という言葉とその背景を学習しました。
- async/await を利用すると、通信処理のような非同期の処理をスッキリと書くことができます。
- async/await の中身になっている Promise について理解を深めました。

トランスパイル
〜レガシーブラウザへの対応〜

STEP 9　このステップで学ぶこと

皆さんは「トランスパイル」という言葉を耳にしたことがありますか？
昨今はフロントエンドの開発においてトランスパイルを行う機会が増えてきたので、本ステップで少し触れておきたいと思います。ここではトランスパイルの概要とJavaScript開発でよく用いられる利用方法についてご紹介します。

ステップアップのながれ

STEP 9-1 トランスパイルとは

　トランスパイルとは「ある言語で書かれたコードを元に別のコードを生成する処理」を言います。またトランスパイルを行うプログラムをトランスパイラと呼びます。

　JavaScriptでトランスパイルが必要な例の一つ[1]として、「最新バージョンのJavaScriptで書かれたコード」から「古いバージョンのJavaScriptで書かれたコード」を生成したいというケースがあります。

　これはJavaScriptがブラウザ上で実行されるプログラミング言語であることに起因します。

　例えばfunction式の代替構文である「アロー関数」は、以下のように関数宣言をより短く記述することができます。

```
// アロー関数での関数宣言
() => {
  // 何かしらの処理
}
```

　しかしコードの中でアロー関数を使用できるかは、各ブラウザに実装されたJavaScriptエンジン（JavaScriptの実行環境）が対応しているか否かに左右されます。

　JavaScriptエンジンは多くの場合ブラウザごとに異なるものが実装されており、古いJavaScriptエンジンを実装したブラウザでは、アロー関数を使用できない可能性があります。

※1　本書では言及しませんが、他によくあるトランスパイルの利用としてTypeScriptで書かれたコードをJavaScriptへ変換するなどがあげられます。

● 古いブラウザで動かないコード

ブラウザ①

エラー

古い
JavaScript エンジン

JS

ブラウザ②

新しい
JavaScript エンジン

アロー関数の実行が
含まれたコード

　先述した背景から私たちはJavaScriptの新しい機能を使用してコードを書く際、各ブラウザ
の対応状況を気にしなくてはなりません。

　この問題を解決する一つのアプローチとして「私たちが書くコード」と実際に「実行環境（ブ
ラウザ）に渡すコード」で、言語のバージョンを変えるという方法が出てきました。

　JavaScriptの「新しいバージョンで書かれたコード」を「実行対象のブラウザで動作が保証
される古いバージョンで書かれたコード」に変換（トランスパイル）し、それをブラウザに読
み込ませるというアプローチです。

　先述したアロー関数を例にあげると、以下のような変換が行われます。

新しいバージョンで書かれたコード（変換前）

```
() => {
  // 何かしらの処理
}
```

古いバージョンで書かれたコード（変換後）

```
function() {
  // 何かしらの処理
}
```

　これにより私たちはJavaScriptのバージョンを意識せずにコードを書けるという恩恵を受
けられます。トランスパイラの用途はこれだけではありませんが、導入の理由としては先述し
た「実行環境に合わせたコードへの変換」を目的とすることが多いでしょう。

● トランスパイルでJavaScriptのバージョンを変える

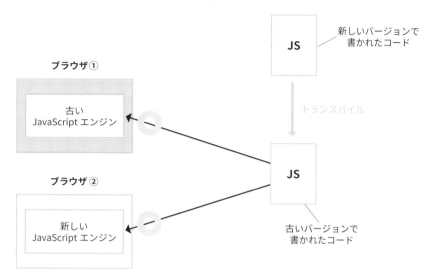

次に実際にトランスパイラを導入し、先に説明した「新しいバージョンのコード」から「古いバージョンのコード」を生成するフローをご紹介したいと思います。

トランスパイラとコンパイラ

トランスパイラはある種のコンパイラと言えます。

コンパイラとは私たちが記載した「ソースコード」からコンピュータが実行できる「機械語（バイナリコードとも言う）」を生成するプログラムです。

トランスパイラは入力／出力共にソースコードではありますが、入力したコードを変換するプログラムであることから広義の意味では、コンパイラとみなされます。

トランスパイラを導入してみよう

　多くの場合JavaScriptでトランスパイルを行う際は「Babel（バベル）」というトランスパイラを使用します。Babelの導入方法は大きく分けて以下の二つがあります。

　　1. ブラウザ上でBabelを読み込みトランスパイルを実行する
　　2. npmでBabelを導入しトランスパイルを実行する

　本書では2の方法でトランスパイルを行います。
　試しに「ES6のシンタックス（文法）」で書かれたコードから「ES5のシンタックス」で書かれたコードを生成し、ブラウザ上での動作を確認していきたいと思います。

　それではBabel導入のための準備をしていきましょう。
　まずはターミナル上からbabelを実行できるようにするため、babel-cliというnpmをグローバルインストールします。babelのプログラムもこの中に含まれています。ここで利用しているnpmコマンドの利用が不安な方はステップ5へ戻って改めて確認してみてください。

```
$ npm install -g babel-cli
```

　次にサンプルコードを保存する任意のフォルダ(workdir)に移動し、npm initした上でbabel-preset-2015というnpmをローカルインストールします。

```
$ npm init
$ npm install --save-dev babel-preset-es2015
```

　babel-preset-xxxという名前のnpmは、Babelが入力として与えられたコードを旧バージョンのコードへ変換するために必要なプログラムです。
　今回xxxの部分がes2015となっているのは、Babelへ入力として与えるコードがES6だからです（ES2015はES6の別名です）。
　最後に.babelrc（ドットの後にbabelrc）というファイルをworkdir直下に作成しておきましょう。

このファイルにトランスパイル時に使用するプリセット（今回の場合はbabel-preset-es2015）の設定を記載します。.babelrcに以下の内容を記載しておきましょう。

```
{ "presets": ["es2015"] }
```

MEMO

Babelの本格的な導入

本書で採用しているBabelの導入方法は「シンプルにトランスパイルを伝える」ことを優先したアプローチであることをお伝えしておきます。

現在主流な方法やベストプラクティスに沿ってBabelを導入／利用する場合は、もう少し複雑な手順を踏まなければなりません。そのため本書ではトランパイルを最もシンプルに体験していただくための方法を模索し、現在の形に落ち着きました。

もし本格的にBabelを利用したいという場合は、以下のようなWebサイトを参考に主流な利用方法を調べた上で、導入手段を検討してみることをおすすめします。

```
https://babeljs.io/docs/en/usage
```

STEP
9-3 トランスパイルを実行してみよう

　次にトランスパイルの対象となるES6のシンタックスで書かれたコードをworkdirに作成しましょう（リスト **9-3-01** ）。

DEMO https://books.circlearound.co.jp/step-up-javascript/demos/step9

9-3-01	input.js

```
class App {
  constructor() {
    console.log('クラスを使ってるよ');
  }
}

const func = () => {
  console.log('アロー関数を使ってるよ');
};

new App();
func();
```

　それではこのコードをES5のシンタックスにトランスパイルしてみましょう。workdirで以下のコマンドを実行してください。

```
$ babel input.js --out-file output.js
```

　今回のケースではトランスパイルはbabelコマンドで実行します。
　引数にはトランスパイル対象のファイル（input.js）に加え、トランスパイル後に生成されるコードのファイル名（--out-file output.js）を指定しています。
　このコマンドを実行すると、workdirにoutput.jsというファイルが作成されているはずです。どのようなコードになっているのか確認してみましょう（リスト **9-3-02** ）。

9-3-02   **output.js**

```
'use strict';

function _classCallCheck(instance, Constructor) { if (!(instance instanceof ➡
Constructor)) { throw new TypeError("Cannot call a class as a function"); } }

var App = function App() { ❶
  _classCallCheck(this, App);
  console.log('クラスを使ってるよ');
};

var func = function func() { ❷
  console.log('アロー関数を使ってるよ');
};

new App();
func();
```

'use strict'と_classCallCheckは一旦無視して、それ以降のコードを見ていきましょう。

ここで注目すべきは❶と❷の行です。元のコードではクラスやアロー関数で定義されていた処理が、functionキーワードを使用した関数宣言に変わっています。またconstによる定数宣言もvarでの変数宣言に置き換わっています。

ES5では「クラス／アロー関数／constによる定数」は機能として備わっていないため、これらのシンタックスをコードの中で使用することができません。

そのためBabelはどのブラウザでもJavaScriptが実行できるように、トランスパイル時に「入力として与えたコード（今回であればES6のコード）」を同等の処理を行うコード（ES5のシンタックス）へ変換します。その結果としてoutput.jsのようなコードが生成されました。

最後にoutput.jsを実際にブラウザから読み込んでみましょう。リスト **9-3-03** の内容でindex.htmlを作成しブラウザで開いてください。

9-3-03   **index.html**

```
<!DOCTYPE html>
<html>
  <head>
    <meta charset="UTF-8"></meta>
  </head>
  <body>
    <script src="./output.js"></script>
  </body>
</html>
```

ブラウザのコンソールに以下の情報が表示されていれば成功です。トランスパイルによって生成されたコードが期待通りに動いていることが確認できます。

console.log の出力内容

Polyfill について

次にPolyfill（ポリフィル）というプログラムについて触れておきたいと思います。Babelでのトランスパイル時においてもPolyfillが必要になる場合があります。

Polyfillは古いブラウザがサポートしていない機能を使えるようにするために書かれたJavaScriptのプログラムです。

例えばステップ8でご紹介したPromiseは、一部の古いブラウザではサポートされていません。以下は先にも紹介したJavaScriptの機能ごとに各ブラウザの対応状況が確認できる「Can I use（https://caniuse.com/）」を使用して、Promiseの対応状況を確認した結果です。

Can I use

よく用いられるブラウザの最新バージョンはほとんどがPromiseに対応していますが、IE（Internet Explorer）ではサポート対象外であることがわかります。サポート対象外であるPromiseを使用したコードは、IEで実行すると当然エラーになります。

● ブラウザに機能が不足している場合

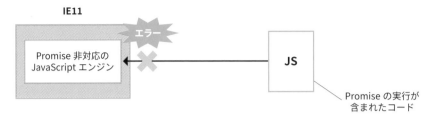

　もし皆さんが開発をする際にIE環境でもJavaScriptの動作を保証したいと思った場合、Promiseの使用を諦めなければならないのでしょうか？

　このような場面においてPolyfillが活躍します。古いJavaScriptエンジンが実装されたブラウザ（今回の例ではIE11）でも動作するように書かれたPromiseのコード（=Polyfill）が提供されているので、それを活用します。

　Polyfillの導入方法はCDNやnpmなどいくつかあります。CDNで導入する場合は利用したいPolyfillの提供先リンクを調べ、scriptタグから読み込みます。

　PromiseのPolyfillであれば、以下のサイトにCDNの利用方法が掲載されています。

```
https://www.promisejs.org
```

● Polyfillの適用

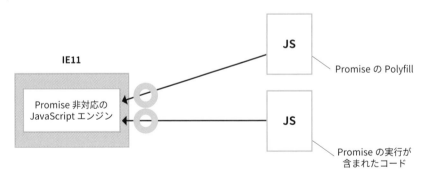

　Babelでのトランスパイル時もPolyfillを組み合わせて使用する場合があります。

　そもそもBabelはシンタックス（文法）の変換を行うプログラムであり、JavaScriptエンジンがサポートしていない標準ライブラリを補うことはできません。そこでトランスパイル時に必要なPolyfillのコードを加えることで、サポート対象とする全てのブラウザで動作するコードの生成を行います。

今回はPromiseを例にあげましたが、Object.assignやArray.from等の機能もIE11のような古いブラウザではサポートされていないため、Polyfillが必要になる場合があります。

本書ではPolyfillの具体的な導入や利用方法については触れませんが「対応するブラウザの範囲」と「使用する機能」によって、Polyfillを組み合わせたトランスパイルが必要になることを覚えておきましょう。

> **MEMO**
>
> **core-js**
>
> Babelではcore-jsというnpmを通しPolyfillを利用します。
>
> 少し前まではbabel/polyfill というnpmを導入しBabelからPolyfillを利用していましたが、Babel7.4以降はcore-jsからのPolyfillの利用が推奨されるようになりました。

おしまいに

最後に本ステップのポイントをまとめておきます。「なぜトランスパイルが必要なのか」という背景を理解することが重要なので、ぜひ以下の点は押さえておきましょう。

1. 各ブラウザで実行できるJavaScriptの機能は、JavaScriptエンジンが対応しているか否かに左右される。
2. 1を気にしないよう、書いたコードを「別のバージョンのJavaScriptエンジンで動作するコード」に変換するトランスパイルというアプローチがある。
3. JavaScriptではBabelというプログラム（トランスパイラ）を用いてトランスパイルを行う。
4. あるブラウザがサポートしていない機能を使用できるようにするためのプログラムが「Polyfill（ポリフィル）」という名称で提供されている。
5. トランスパイル対象のコードに含まれる機能によっては、Polyfillを組み合わせたトランスパイルが必要な場合がある。

STEP

10

総合演習

STEP 10　このステップで学ぶこと

本ステップでは、ここまで学んできたことをフル活用してアプリケーションの作成に取り組んでいきます。本書における最後のアプリケーション作成となるので、これまでの復習のつもりで一つ一つの内容を腹落ちさせながら、丁寧に進めることを心掛けてください。

ステップアップのながれ

STEP 10-1 仕様の確認 〜クイズデータ取得と確認

このステップで作るもの：クイズゲーム

　題材はクイズゲームです。下図のような3つの画面があり、「難易度（レベル）の選択」→「表示される英単語の意味を解答」→「正解率を計算／表示」という流れでゲームが進行します。

　これまで同様、動作するものが以下のURLにあるので確認しておくと良いでしょう。

DEMO https://books.circlearound.co.jp/step-up-javascript/demos/step10

🔆 **ゲーム画面の流れ**

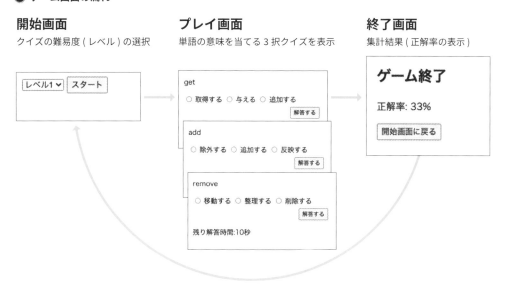

開始画面
クイズの難易度(レベル)の選択

プレイ画面
単語の意味を当てる3択クイズを表示

終了画面
集計結果(正解率の表示)

　このアプリケーションの仕様は以下のようになります。

- プレイヤーはゲームの難易度（レベル1〜3）を選択する。
- 選択した難易度によって適切なクイズを表示する（難易度によって問題内容や数が変わる）。
- 1問あたりの解答時間を10秒とし、時間が経過した場合は次の問題へ遷移する。
- 全ての問題を終えたら正解率を表示する。

基本となるファイルの作成

まずリスト **10-1-01** **10-1-02** の内容でHTML/JavaScriptのファイルを作成しましょう。

DEMO https://books.circlearound.co.jp/step-up-javascript/demos/step10/1

10-1-01　　index.html

```html
<!DOCTYPE html>
<html lang="ja">
<head>
  <meta charset="UTF-8">
  <title>クイズゲーム</title>
</head>
<body>
  <div id="app">
  </div>
  <script src="./main.js"></script>
</body>
</html>
```

10-1-02　　main.js

```javascript
class WordQuiz {
  constructor() {
    console.log('インスタンスが作成されたよ');    ❶
  }
}

new WordQuiz();  ❷
```

　main.jsでは今回のロジックを集約するためのクラス（❶）を作成し、インスタンスが作成されたタイミングでコンソールにメッセージを出力しています。
　今回のアプリケーションはAJAXを利用するものなので、ステップ5で学習したhttp-serverを使って起動して確認してください。
　❷のインスタンス生成時にメッセージが表示されるので、ブラウザで開いた際に以下の内容がコンソールに出力されているはずです。

STEP
10

総合演習

222

コンソールの出力内容

クイズデータの取得

クイズに関するデータをAJAXで取得し、コンソールに表示してみましょう。

まずリスト **10-1-03** のJSONファイルを作成してください。GitHub上にファイルがある[1]
のでこちらからダウンロードすると良いでしょう。

`DEMO` https://books.circlearound.co.jp/step-up-javascript/demos/step10/2

10-1-03	quiz.json

```
{
  "level1": {
    "step1": { "word": "get", "choices" : ["取得する", "与える", "追加する"], ➡
"answer": "取得する" },
    "step2": { "word": "add", "choices" : ["除外する", "追加する", "反映する"], ➡
"answer": "追加する"
    },
    "step3": { "word": "remove", "choices" : ["移動する", "整理する", ➡
"削除する"], "answer": "削除する" }
  },
```

※1　quiz.json https://raw.githubusercontent.com/CircleAround/step-up-javascript/main/step10/quiz.json

223

仕様の確認〜クイズデータ取得と確認

10

1

```
    "level2": {
      "step1": { "word": "confirm", "choices" : ["黙認する", "確認する", ➡
"移行する"], "answer": "確認する" },
      "step2": { "word": "bug", "choices" : ["欠陥", "確認", "正解"], ➡
"answer": "欠陥" },
      "step3": { "word": "update", "choices" : ["変更する", "更新する", ➡
"入れ替える"], "answer": "更新する" },
      "step4": { "word": "insert", "choices" : ["差し込む", "取り除く", ➡
"動かす"], "answer": "差し込む" }
    },
    "level3": {
      "step1": { "word": "environment", "choices" : ["場所", "領域", "環境"], ➡
"answer": "環境" },
      "step2": { "word": "fetch", "choices" : ["読み込む", "除外する", ➡
"検証する"], "answer": "読み込む" },
      "step3": { "word": "extract", "choices" : ["抜く", "追加する", ➡
"移動する"], "answer": "抜く" },
      "step4": { "word": "sync", "choices" : ["初期化する", "取り外す", ➡
"同期する"], "answer": "同期する" },
      "step5": { "word": "require", "choices" : ["必要とする", "不要とする", ➡
"拒否する"], "answer": "必要とする" }
    }
}
```

quiz.jsonはクイズの難易度ごとにデータの階層が分かれています。

各難易度を示す階層（level1～level3）の中にはプレイヤーに表示するクイズに関するデータが入っています。

stepという接頭辞のキーを持つデータがクイズとして出題される1問あたりのデータに該当し、「問題の内容」「解答の選択肢」「正解の解答」が入っています。

プロパティの意味

プロパティ名	意味
word	問題の文字列（英単語）
choices	解答の選択肢文字列（日本語訳候補）の配列
answer	正解の文字列（正しい日本語訳）

プレイヤーが選択した難易度によって、対応したクイズを表示しゲームが進行します。

● データと画面の関係

```
{
    "level1": {
        "step1": { "word": "get", "choices" : [" 取得する ", " 与える ", " 追加する "], "answer": " 取得する " },
        "step2": { ... },
        "step3": { ... }
    },
    "level2": { ... },
    "level3": { ... }
}
```

開始画面

プレイ画面

では実際に quiz.json を AJAX で取得し、コンソールに表示してみましょう（リスト **10-1-04** ）。

10-1-04   **main.js**

```javascript
class WordQuiz {
  ...
  async init() {  ❶
    const response = await fetch('quiz.json');
    this.quizData = await response.json();  ❷
    console.log(this.quizData);
  }
}

new WordQuiz().init();  ❸
```

　新たに init メソッドを追加して、AJAX の処理を書きます（❶）。AJAX によるデータ取得はステップ 6 で学んだ内容と同じ要領です。不安な場合には一度戻って読み返してみてください。
　❷では取得してきたクイズのデータをクラス内のメソッド全体から参照できるようにするため、quizData というプロパティに代入しています。

最後に、新たなメソッドであるinitをインスタンス化してから呼び出すようにしました（❸）。

ブラウザを開き、以下の内容がコンソールに表示されていることを確認しましょう。

```
⟦⟧  ⟦⟧    Elements    Console    Sources    Network    Performance    Memory    Application

▶  ⊘    top ▼    ◉    Filter

インスタンスが作成されたよ

▼ Object ℹ
  ▶ level1: {step1: {…}, step2: {…}, step3: {…}}
  ▶ level2: {step1: {…}, step2: {…}, step3: {…}, step4: {…}}
  ▶ level3: {step1: {…}, step2: {…}, step3: {…}, step4: {…}, step5: {…}}
  ▶ [[Prototype]]: Object

>
```

コンソールの出力内容

ルート要素の指定と通信エラー対応

アプリケーション全体の親となる要素を外部から受け渡すように変更します（リスト 10-1-05）。今後この要素の中に各アプリケーションの機能が配置される想定です。

DEMO https://books.circlearound.co.jp/step-up-javascript/demos/step10/3

10-1-05　　main.js

```js
class WordQuiz {
  constructor(rootElm) { ❶
    console.log('インスタンスが作成されたよ'); // 削除 ❷
    this.rootElm = rootElm; ❸
  }

  async init() {
    try { ❹
      const response = await fetch('quiz.json');
      this.quizData = await response.json();
      console.log(this.quizData); // 削除 ❺
    } catch (e) {
      this.rootElm.innerText = '問題の読み込みに失敗しました'; ❻
      console.log(e); ❼
    }
  }
}
```

```
new WordQuiz(document.getElementById('app')).init();  ❽
```

❶のrootElmにアプリケーション全体の親要素が渡ってくる想定です。

❷のconsole.logは確認が済んだので削除してしまいましょう。

❸ではクラスの各メソッドからrootElmを参照できるようにプロパティに代入しています。

❹からエラー処理を入れるため try … catch で例外処理を入れています。通信ができない場合などのエラーが発生した時には❻でブラウザ上にエラー表示を行い、デバッグのために❼でエラー情報を出力します。

❺のconsole.logは不要なので削除します。

最後に❽のnewの呼び出し時に要素情報（rootElm）を引数として渡しています。

難易度選択セレクトボックスの表示

ゲームの開始画面を作成し、セレクトボックスを表示してみましょう。

取得してきたクイズデータ（JSON）からプレイヤーが難易度を選択するためのセレクトボックスを作成します（リスト **10-1-06**）。

DEMO https://books.circlearound.co.jp/step-up-javascript/demos/step10/4

10-1-06　　　**main.js**

```
class WordQuiz {
  ...

  async init() {
    await this.fetchQuizData();  ❶
    this.displayStartView();  ❷
  }

  async fetchQuizData() {
    try {
      const response = await fetch('quiz.json');
      this.quizData = await response.json();
    } catch (e) {
      this.rootElm.innerText = '問題の読み込みに失敗しました';    ❸
      console.log(e);
    }
  }
}
```

10 20 25 27

```
  displayStartView() { ❹
    const levelStrs = Object.keys(this.quizData); ❺
    const optionStrs = [];
    for (let i = 0; levelStrs.length > i; i++) {
      optionStrs.push(`<option value="${levelStrs[i]}" name="level">レベル$➡
{i + 1}</option>`);
    }
    const html = `
      <select class="levelSelector">
        ${optionStrs.join('')}
      </select>
    `;
    const parentElm = document.createElement('div');
    parentElm.innerHTML = html;

    this.rootElm.appendChild(parentElm); ❻
  }
}

new WordQuiz(document.getElementById('app')).init();
```

　今後初期化処理が増えていきそうなので、initの中身をfetchQuizDataというメソッドに切り出し（❸）、❶で呼び出しています。

　❷で呼び出しているdisplayStartViewメソッド（❹）は、呼び出すと開始画面を表示するものです。ここではquizDataから必要な情報を取得し、セレクトボックスとなるHTMLを構築した後、画面に表示しています。

　❺ではセレクトボックスのバリューに設定する情報を作成します。実装としてはObject.keysメソッドにより、quizDataのキーを配列として取り出しています。

```
const levelStrs = Object.keys(this.quizData); // -> ["level1","level2","level3"]
```

　次にlevelStrsの値からoptionタグの情報を作成しています。optionタグの情報を配列で作成してからjoinで処理するのはステップ6でも同じような手法を取りました。

　他は見知った処理のはずなので、解説は割愛します。❻でrootElmに作成した画面をセットしています。

　ブラウザに難易度を選択するためのセレクトボックスが表示されていれば、ここまでの処理は成功です。

セレクトボックス

STEP

10

総合演習

228

各画面を作成しよう

アプリケーションの初期化の要であった通信データの取得やその表示に成功したので、全体的な動きを見ていきましょう。必要な3つの画面を作って画面遷移を実現します。画面を行き来できるようにしてから、細かいロジックを考えていきます。DOM操作とイベントハンドラの基礎が理解できていれば混乱せずに進められるでしょう。

開始画面

開始画面にはセレクトボックスの他にゲームを開始するためのボタンが必要なので、追加しておきましょう。displayStartViewをリスト **10-2-01** のように変更してください。

DEMO https://books.circlearound.co.jp/step-up-javascript/demos/step10/5

10-2-01   main.js

```
...
  displayStartView() {
    ...
    const html = `
      <select class="levelSelector">
        ${optionStrs.join('')}
      </select>
      <button class="startBtn">スタート</button>  ❶
    `;
    const parentElm = document.createElement('div')
    parentElm.innerHTML = html;

    const startBtnElm = parentElm.querySelector('.startBtn');
    startBtnElm.addEventListener('click', () => {                      ❷
      console.log('スタートボタンがクリックされました。');
    });

    this.rootElm.appendChild(parentElm);
  }
...
```

html変数の値（開始画面となるHTML）にボタン要素を追加しました（❶）。

そして❶で追加したボタンがクリックされた時に実行するリスナを❷で追加しています。

ブラウザ上にスタートボタンが表示され、クリック時にコンソールに「スタートボタンがクリックされました。」と表示されるはずです。

スタートボタン

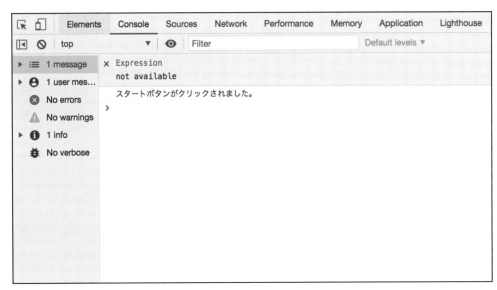

コンソールの表示内容

プレイ画面

次にゲームのプレイ画面（クイズを表示する画面）を作成しましょう（リスト 10-2-02 ）。

この時点ではまだクイズの表示までは行わず、適当なテキストを表示する画面として実装してみます。

DEMO https://books.circlearound.co.jp/step-up-javascript/demos/step10/6

```
...
  displayStartView() {
    ...
    startBtnElm.addEventListener('click', () => {
      console.log('スタートボタンがクリックされました。'); // 削除 ❶
      this.displayQuestionView(); ❷
    });

    this.rootElm.appendChild(parentElm);
  }

  displayQuestionView() {
    const html = `
      <p>ゲームを開始しました</p>
    `;

    const parentElm = document.createElement('div');
    parentElm.className = 'question';                    ❸
    parentElm.innerHTML = html;

    this.rootElm.innerHTML = '';
    this.rootElm.appendChild(parentElm);
  }
...
```

まずdisplayStartViewにあるスタートボタンのクリック時の処理を変更しています。コンソールへのテキスト出力（❶）を削除し、ページをプレイ画面に切り替える処理（❷❸）を追加しました。

displayQuestionView（❸）は、先ほどのdisplayStartViewと同じ要領でプレイ画面となるHTML（Elementオブジェクト）を作成し、rootElmの中身をinnerHTMLで空にした上で反映しています。

開始画面のスタートをクリックすると「ゲームを開始しました」というテキストが表示されることを確認しましょう。

ゲームを開始しました

終了画面

最後にゲームの終了画面を追加します。

一旦ここではプレイ画面にゲーム終了画面を表示するための導線（ボタン要素）を設け、画面遷移するように実装します（リスト **10-2-03** ）。

DEMO https://books.circlearound.co.jp/step-up-javascript/demos/step10/7

10-2-03　　**main.js**

```
...

  displayStartView() {
    ...
    this.rootElm.appendChild(parentElm); // 削除 ❶
    this.replaceView(parentElm); ❷
  }

  displayQuestionView() {
    const html = `
      <p>ゲームを開始しました</p>
      <button class="retireBtn">ゲームを終了する</button> ❸
    `;

    ...

    const retireBtnElm = parentElm.querySelector('.retireBtn');
    retireBtnElm.addEventListener('click', () => {
      this.displayResultView();
    });                                                              ❹

    this.rootElm.innerHTML = ''; // 削除
    this.rootElm.appendChild(parentElm); // 削除                     ❺
    this.replaceView(parentElm); ❻
  }

  displayResultView() { ❼
    const html = `
      <p>ゲーム終了</p>
      <button class="resetBtn">開始画面に戻る</button>
    `;

    const parentElm = document.createElement('div');
    parentElm.className = 'results';
    parentElm.innerHTML = html;
```

```
      const resetBtnElm = parentElm.querySelector('.resetBtn');
      resetBtnElm.addEventListener('click', () => {
        this.displayStartView();
      });                                                        ⑧

      this.replaceView(parentElm);
    }

    replaceView(elm) { ⑨
      this.rootElm.innerHTML = '';
      this.rootElm.appendChild(elm);
    }

  ...
```

各画面が切り替わる際には「今表示している内容を全て消して、新しい要素をセットする」という処理が共通に発生するので、⑨のreplaceViewというメソッドを作成しました。結果として❶、❷、❺、❻の部分が書き変わっています。その上で進めましょう。

❸ではプレイ画面のHTMLに「ゲーム終了」ボタンを追加しています。

❹では追加したボタンのクリック時のリスナに、終了画面へ遷移させる処理（displayResultView）を設定しました。この内容は画面遷移をするための仮のボタンなので後ほど削除します。

❼のdisplayResultViewが終了画面を作成するメソッドです。⑧の処理により、終了画面内の「開始画面に戻る」というボタンをクリックすると再び開始画面へ遷移します。

これで今回のアプリケーションで使用する画面と遷移処理を実装できました。

終了画面

クイズを表示しよう

難易度選択の保持

開始画面で選択した難易度に応じたクイズを表示する処理を実装します。

表示すべきクイズの内容はquizDataプロパティに入っています。改めて取得したJSONの構造を確認しておきましょう。

```
{
  "level1": {
    "step1": {
      "word": "get",
      "choices" : ["取得する", "与える", "追加する"],
      "answer": "取得する"
    },
    "step2": {
      "word": "add",
      "choices" : ["除外する", "追加する", "反映する"],
      "answer": "追加する"
    },
    "step3": {
      "word": "remove",
      "choices" : ["移動する", "整理する", "削除する"],
      "answer": "削除する"
    }
  },
  "level2": { ... },
  "level3" { ... }
}
```

難易度を示すlevel1〜level3のキーに対し、それぞれのバリューとしてクイズの内容が定義されています。step[番号]は設問番号を示します。

例えば上記のlevel1であれば、難易度が1で設問が3問あるクイズです。

それではクイズを表示するための処理を実装していきましょう。

クイズを表示する上で、開始画面で選択された難易度をクラス内で持っておく必要があります。ゲームのプレイ状況を集約するためのオブジェクト（gameStatus）をプロパティとして追

加し（❶）、難易度はその中で管理することにしましょう（リスト **10-3-01**）。

DEMO https://books.circlearound.co.jp/step-up-javascript/demos/step10/8

```
10-3-01        main.js

...
  constructor(rootElm) {
    this.rootElm = rootElm;

    // ゲームのステータス
    this.gameStatus = {
      level: null // 選択されたレベル         ❶
    };
  }
...
```

次に難易度の値をgameStatusオブジェクトにセットするための処理を実装します
（ **10-3-02** ）。

```
10-3-02        main.js

...
  displayStartView() {
    const levelStrs = Object.keys(this.quizData);
    this.gameStatus.level = levelStrs[0]; ❶
    ...
    parentElm.innerHTML = html;

    const selectorElm = parentElm.querySelector('.levelSelector');
    selectorElm.addEventListener('change', (event) => {
      this.gameStatus.level = event.target.value;        ❷
    });

    ...
  }

  displayQuestionView() {
    console.log(`選択中のレベル:${this.gameStatus.level}`); ❸
    ...
  }
...
```

開始画面が表示された際、ブラウザ上のセレクトボックスはlevelStrsの先頭の値を選択しています。それに合わせて❶ではgameStatus.levelの初期値としてlevelStrsの先頭の値を指定しました。

またセレクトボックスに変更が生じたタイミングで、選択された難易度に対応した値がlevelプロパティにセットされるようにイベントリスナを追加しました（❷）。

以上のlevelプロパティの更新を確認するため、プレイ画面への遷移時（displayQuestionView実行時）にlevelプロパティをコンソールへ出力しています（❸）。

開始画面のスタートボタンをクリックしてプレイ画面に遷移する際に、コンソールにlevelプロパティの値が出力されていることを確認しておきましょう。

levelプロパティの値が出力される

設問の表示

選択難易度に応じた設問を、プレイ画面に表示してみましょう。

プレイ画面では以下のように設問1問ごとに画面を遷移させ、最終設問を終えると終了画面を表示する流れです。

● ゲーム画面の流れ

プレイ画面

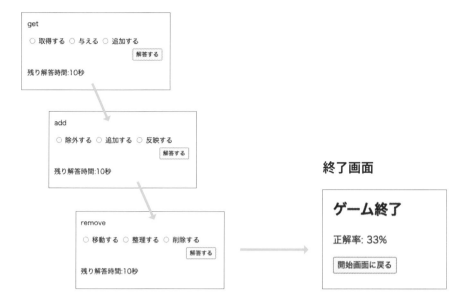

まず displayQuestionView メソッドを変更し、選択した難易度の1問目の設問をプレイ画面に表示してみましょう（リスト **10-3-03**）。今は1問目で固定ですが、今後2問目、3問目へも動的に変更できるようにします。

DEMO https://books.circlearound.co.jp/step-up-javascript/demos/step10/9

10-3-03　　**main.js**

```
...
  displayQuestionView() {
    console.log(`選択中のレベル:${this.gameStatus.level}`);
    const stepKey = 'step1';
    const currentQuestion = this.quizData[this.gameStatus.level][stepKey]; ❶

    const choiceStrs = [];
    for (const choice of currentQuestion.choices) {
      choiceStrs.push(`<label>
                        <input type="radio" name="choice" ➡
value="${choice}" />
                        ${choice}
                      </label>`);              ❷
    }
```

237

```
  const html = `
    <p>${currentQuestion.word}</p>
    <div>
      ${choiceStrs.join('')} ❸
    </div>
    <div class="actions">
      <button class="nextBtn">解答する</button>
    </div>
  `;

  const parentElm = document.createElement('div');
  parentElm.className = 'question';
  parentElm.innerHTML = html;

  // const retireBtnElm = parentElm.querySelector('.retireBtn'); // 削除
  // retireBtnElm.addEventListener('click', () => {
  //   this.displayResultView();                                        ❹
  // });

  this.replaceView(parentElm);
  }
...
```

❶では表示する設問情報をquizDataプロパティから取得し、変数currentQuestionへ代入しています。開始画面で選択した難易度の設問の中から、1問目に該当する情報を取得します。

例えば選択した難易度がレベル1の場合、変数currentQuestionには以下のオブジェクトが代入されます。

```
{
  "word": "get",
  "choices" : ["取得する", "与える", "追加する"],
  "answer": "取得する"
}
```

表示する設問が確定したので、次は3択として表示する選択肢を作成します（❷）。

選択肢として表示する情報は、変数currentQuestionのchoicesです。中身は選択肢文字列の配列が入っています。各choiceに対してラジオボタンのHTMLを作成し、choiceStrsに追加します。

❸では❷で作成したchoiceStrsをjoinで文字列に変換し、html変数の中に埋め込みます。

❹は仮に書いておいたイベントリスナを削除しています。

中途ですが一度確認してみましょう。

　開始画面のスタートボタンをクリックし、選択した難易度の設問（1問目）が以下のように表示されていることを確認しましょう。ちなみにこの画面はレベル1の難易度が選択された場合の表示です。

1問目の表示

設問の繰り返し表示

　設問を順に表示する画面遷移処理を実装しましょう。

　gameStatusオブジェクトに表示中の設問番号を管理するstepプロパティを追加します（リスト **10-3-04** ）。

DEMO https://books.circlearound.co.jp/step-up-javascript/demos/step10/10

```
10-3-04      main.js

...
  constructor(rootElm) {
    this.rootElm = rootElm;

    // ゲームのステータス
    this.gameStatus = {
      level: null, // 選択されたレベル
      step: 1 // 現在表示している設問の番号
    };
  }
...
```

次に「step プロパティの値に対応した設問を表示する処理」を実装します（リスト **10-3-05**）。

```
10-3-05     main.js
...
async fetchQuizData() {
  ...
}

nextStep() {
  this.gameStatus.step++;                                          ❶
  this.displayQuestionView();
}

...

displayQuestionView() {
  console.log(`選択中のレベル:${this.gameStatus.level}`);
  const stepKey = `step${this.gameStatus.step}`;  ❷

  ...

  const nextBtnElm = parentElm.querySelector('.nextBtn');
  nextBtnElm.addEventListener('click', () => {                    ❸
    this.nextStep();
  });

  this.replaceView(parentElm);
}
```

❶の nextStep メソッドは、gameStatus の step プロパティの値をインクリメントした後、再度 displayQuestionView を呼んでいます。これで次の設問が表示される流れです。

> **MEMO**
>
> **インクリメント**
> インクリメントは数値を一つ増やす処理です。反対に一つ減らす処理をデクリメント
> と言います。

❷では gameStatus.step の値から stepKey を動的に作成するように変更しました。❸は「解答する」ボタンに対して nextStep を呼ぶようにイベントハンドラを仕掛けています。

これで「解答する」ボタンを押下する度に次の設問へ画面遷移するようになりました。

　期待する画面遷移を行うにはもう一手間必要です。最後の設問の後は、終了画面へ遷移させる必要があります。現状のコードにはこの処理がないので、最後の設問に解答したタイミングでエラーが発生してしまいます。

　コードをリスト **10-3-06** のように変更しましょう。

DEMO https://books.circlearound.co.jp/step-up-javascript/demos/step10/11

10-3-06　　main.js

```
...

  isLastStep() {
    const currentQuestions = this.quizData[this.gameStatus.level];
    return this.gameStatus.step === Object.keys(currentQuestions).length;
  }

  nextStep() {
    if (this.isLastStep()) {
      this.displayResultView();
    } else {
      this.gameStatus.step++;
      this.displayQuestionView();
    }
  }
...
```

　isLastStepは、現在表示している設問が最後の設問か否かを判定するメソッドです。gameStatusのstepプロパティの値と設問数を比較して判定をしています。

　nextStepメソッド内では先のisLastStepメソッドを使用し、ifで分岐しています。最後の設問なら終了画面へ遷移し、そうでなければgameStatus.stepをインクリメントして次の問題を表示します。

　ここまでの変更により、画面遷移が「開始画面→プレイ画面で各設問に解答→終了画面」という流れでゲームが進行することを確認しましょう。

　最後に終了画面の「開始画面に戻る」ボタンをクリックした時の処理に変更を加えます（リスト **10-3-07** ）。

```
10-3-07     main.js
```

```
...
  constructor(rootElm) {
    this.rootElm = rootElm;
    // ゲームのステータス
    this.gameStatus = {};
    this.resetGame(); ❶
  }

  ...

  nextStep() {
    ...
  }

  resetGame() { ❷
    this.gameStatus.level = null;   // 選択されたレベル
    this.gameStatus.step = 1; // 現在表示している設問の番号
  }

  ...

  displayResultView() {
    ...
    resetBtnElm.addEventListener('click', () => {
      this.resetGame(); ❸
      this.displayStartView();
    });
    ...
  }
```

　終了画面から開始画面に遷移する際は、再度ゲームのプレイができるようにgameStatusを初期化しておく必要があるので、resetGameメソッドを追加しました（❷）。この動作は変数を初期状態に戻すものなので、コンストラクタで行っていた初期化も同メソッドで代用できます（❶）。

　終了画面の「開始画面に戻る」ボタンがクリックされた際にresetGameを呼び出しました（❸）。

　これでクイズの動き自体はできましたね！無事に問題を繰り返し解けるものになりました。

　そろそろコードが長くなってきたため、変更を追うのが難しくなってきている方がいるかもしれません。デモサイトには動くコードがWeb上にアップロードされているので、各URLから読み込んでいるmain.jsの中身を見てみるなどすると良いでしょう。ソースコードを全てダウ

ンロード（はじめに「サンプルファイルについて」参照）した方は、各ステップのソースコードをstep10/11のようなディレクトリ構成で示しているので参考にしてください。

STEP 10-4 クイズの正解率を集計しよう

現在の実装ではクイズを解くのみでゲーム性がありません。解答の正解率を計算し、スコアとして終了画面に表示しましょう。

そこで解答結果をgameStatus内に保持し、それを元に集計をします。

解答結果を保持する

アプローチとしては、nextStep（解答するボタンを押した瞬間に呼ばれます）の中で「現在画面に表示されているラジオボタンの値」と、「解答した設問の情報」のワンセットを一緒に保存するという流れを目指します。

各設問への解答結果は以下の形式のオブジェクト（以下解答結果オブジェクトと呼びます）としましょう。この情報を配列で保持しておけば、後で正解情報と照らし合わせて計算することができます。

```
{
  question: [解答した設問の情報への参照]
  selectedAnswer: [解答時に選択されたラジオボタンのvalue]
}
```

以上のように考えて、コードを修正しました（リスト 10-4-01 ）。

DEMO https://books.circlearound.co.jp/step-up-javascript/demos/step10/12

```
  ...
  nextStep() {
    this.addResult(); ❶

    ...
  }

  addResult() {
    const checkedElm = this.rootElm.querySelector('input[name="choice"]:➡
checked'); ❷
    const answer = checkedElm ? checkedElm.value : '';
    const currentQuestion = this.quizData[this.gameStatus.level]➡
[`step${this.gameStatus.step}`];

    this.gameStatus.results.push({ ❸
      question: currentQuestion,
      selectedAnswer: answer
    });

    console.log(`解答結果: ${answer}`); ❹
  }

  resetGame() {
    ...
    this.gameStatus.results = []; // プレイヤーの解答結果 ❺
  }
  ...
```

　プレイヤーの解答結果オブジェクトを保存しておくため、gameStatusに新たにresultsプロパティを追加しました（❺）。さらにnextStepにaddResultという新しいメソッドの呼び出しを追加しました（❶）。

　addResultメソッドは、画面に表示されているchoiceのラジオボタンからチェックされているElementを取得し（❷）、そのvalueをanswer変数に格納します。選択されていない場合には空の文字列（''）が入ります。単純な処理なので、ifを使わず三項演算子で実現しています。

　❸ではanswerと現在の設問の情報（currentQuestion）とを組み合わせて解答情報オブジェクトを作成し、gameStatus.resultsの配列に追加しています。解答内容が確認できるよう、❹で出力しました。

　チェックボックスを選択して「解答する」ボタンを押すと、解答結果がコンソールに表示されるはずです。

解答結果の表示

正解率の計算ロジックを書く

　プレイヤーの解答結果を管理するためのプロパティが追加できたので、正解率の計算処理を
実装していきましょう（リスト **10-4-02** ）。

DEMO https://books.circlearound.co.jp/step-up-javascript/demos/step10/13

10-4-02　main.js

```
...
addResult() {
  ...
}

calcScore() {
  let correctNum = 0;
  const results = this.gameStatus.results;

  for (const result of results) {
    const selected = result.selectedAnswer; ❶
    const correct = result.question.answer; ❷
    if (selected === correct) {
      correctNum++;
```

```
      }
    }
    return Math.floor((correctNum / results.length) * 100); ❸
  }

  ...

  displayResultView() {
    const score = this.calcScore(); ❹

    const html = `
      <h2>ゲーム終了</h2>
      <p>正解率: ${score}%</p> ❺
      <button class="resetBtn">開始画面に戻る</button>
    `;

    ...
  }
...
```

新たにcalcScoreメソッドを追加し、正解率を計算しましょう。

gameStatus.resultsプロパティ内の解答情報オブジェクトから順に「解答」（❶）と「正解」（❷）を取得し、正解した数だけcorrectNumの値を増やします。

❷では、解答した設問情報であるquestionから正解であるanswerを取り出しています。この情報は、元々はquizDataに格納されている設問情報（リスト **10-1-03** quiz.json（p.223）参照）なので、不安がある場合には元の情報を確認してください。

❸では以下の計算式で正解率をパーセントで計算しています。

（正解数 / 問題数）* 100

正解率の計算結果をMath.floorメソッドに引数として渡すことで、小数点が切り捨てられ整数として正解率が返却されます。

最後にdisplayResultViewメソッド内でcalcScoreメソッドを実行し（❹）、終了画面に正解率を表示しています（❺）。

実際にゲームをプレイしてみて、期待する正解率が終了画面に表示されることを確認しておきましょう。

STEP 10-5 解答に制限時間を設定してみよう

仕上げに設問への解答に制限時間を設定してみましょう。

設問を表示してから10秒以内に解答がなければ、次の設問へ画面遷移するように実装します。

タイマー処理の作成

画面遷移は一旦後に回し、タイマーの処理を簡単に実装します。実装内容は以下のように整理できます。

1. displayQuestionViewのタイミングでタイマーを10秒でセットしたい。
2. タイマーは1秒ごとにカウントダウンしていく。
3. nextStepがコールされたらタイマーは停止する。

これを行うためにsetTimer、clearTimerという新しいメソッドを作ります。リスト **10-5-01** のようなコードになるでしょう。

DEMO https://books.circlearound.co.jp/step-up-javascript/demos/step10/14

10-5-01 main.js

```
nextStep() {
  this.clearTimer(); ❶
  ...
}

...

resetGame() {
  ...
  this.gameStatus.timeLimit = 0; // 問題ごとの制限時間 ❷
  this.gameStatus.intervalKey = null; // setIntervalのキー ❸
}
```

```
setTimer() {
  if(this.gameStatus.intervalKey !== null) {
    throw new Error('まだタイマーが動いています');
  }
  this.gameStatus.timeLimit = 10;
  this.gameStatus.intervalKey = setInterval(() => {         ❹
    this.gameStatus.timeLimit--;
    console.log(`解答時間は残り${this.gameStatus.timeLimit}秒です`);
  }, 1000);
}

clearTimer() {
  clearInterval(this.gameStatus.intervalKey);
  this.gameStatus.intervalKey = null;
}

...

displayQuestionView() {
  console.log(`選択中のレベル:${this.gameStatus.level}`);
  this.setTimer();   ❺
  ...
}

...
```

　解答までの残り時間を管理するためのtimeLimitプロパティと、setIntervalのキーを管理するためのintervalKeyプロパティを追加しました（❷❸）。

　タイマーの開始はsetTimerメソッドとして実装しており、timeLimitプロパティを初期値10として設定した上でsetIntervalを仕掛け、1秒（1000ms）ごとにデクリメントしています（❹）。期待通り動作することを確認するため、仮の実装としてコンソールに残り時間（timeLimit）を出力しました。さらに一つ工夫をしています。setTimerを複数回連続で呼び出すことはわかりにくいバグになるため、関数の冒頭で、intervalKeyがnullでなければ例外を投げるコードを入れました。もし間違った呼び出し方をすると、エラーで止まって教えてくれるでしょう。

　タイマーの停止にclearTimerメソッドを作成しました。こちらはclearIntervalでタイマーを止めて、intervalKeyをnullにするものです。

　最後に❶、❺に作成した処理をそれぞれ仕掛けました。

　設問ページを表示すると1秒ごとにtimeLimitプロパティの値がコンソールへ出力されるはずなので、確認しておきましょう。

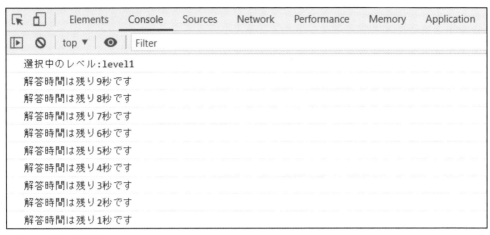

| 選択中のレベル:level1 |
| 解答時間は残り9秒です |
| 解答時間は残り8秒です |
| 解答時間は残り7秒です |
| 解答時間は残り6秒です |
| 解答時間は残り5秒です |
| 解答時間は残り4秒です |
| 解答時間は残り3秒です |
| 解答時間は残り2秒です |
| 解答時間は残り1秒です |

1秒ごとに残り秒数が表示される

タイマーの画面表示

残り時間（timeLimitプロパティ）を設問ページに表示していきます（リスト **10-5-02** ）。

DEMO https://books.circlearound.co.jp/step-up-javascript/demos/step10/15

10-5-02　　**main.js**

```
...

  setTimer() {
    if(this.gameStatus.intervalKey !== null) {
      throw new Error('まだタイマーが動いています');
    }
    this.gameStatus.timeLimit = 10;
    this.gameStatus.intervalKey = setInterval(() => {
      this.gameStatus.timeLimit--;
      console.log(`解答時間は残り${this.gameStatus.timeLimit}秒です`); // 削除❶
      this.renderTimeLimitStr(); ❷
    }, 1000);
  }

...

  displayQuestionView() {
    ...
    const html = `
```

```
    ...
    <div class="actions">
      <button class="nextBtn">解答する</button>
    </div>
    <p class="sec">残り解答時間:${this.gameStatus.timeLimit}秒</p> ❸
  `;
    ...
  }

  renderTimeLimitStr() { ❹
    const secElm = this.rootElm.querySelector('.sec');
    secElm.innerText = `残り解答時間:${this.gameStatus.timeLimit}秒`;
  }

...
```

まずsetTimerからコンソールへの出力処理を削除し（❶）、設問ページ上に残り時間を更新するためrenderTimeLimitStrのコールを加えました（❷）。

さらにdisplayQuestionViewのhtml変数に残り時間の表示箇所を追加しました（❸）。

最後にrenderTimeLimitStrメソッドを定義しています（❹）。renderTimeLimitStrでは「sec」というクラス属性を持った要素を取得し、残り時間を描画します。

この処理がsetTimerで仕掛けたsetIntervalから1秒ごとに呼ばれ、ページの残り時間を更新します。設問ページに「残り解答時間」が表示され、カウントダウンされていることを確認してください。

また、設問が切り替わったタイミングで残り時間が10秒になることも確認しておきましょう。

最後に、制限時間である10秒が経過したら次の設問ページに遷移させる処理を実装しましょう（リスト 10-5-03 ）。

251

DEMO https://books.circlearound.co.jp/step-up-javascript/demos/step10/16

```
10-5-03        main.js

...
setTimer() {
  ...
  this.gameStatus.intervalKey = setInterval(() => {
    this.gameStatus.timeLimit--;
    this.renderTimeLimitStr(); // 削除 ❶
    if (this.gameStatus.timeLimit === 0) {
      this.nextStep();
    } else {                                        ❷
      this.renderTimeLimitStr();
    }
  }, 1000);
}
...
```

　❶の処理を削除し、setTimerの処理をifで分岐しています（❷）。timeLimitプロパティが0になった時には制限時間オーバーとみなしてnextStepメソッドで次の画面に遷移し、そうでなければページ内の残り時間が更新されます。

　設問ページを表示し、制限時間が経過したら次のページに遷移することを確認しましょう。

見た目を整えて完成

CSS の適用

簡単なCSSを適用して調整して終わりましょう（リスト 10-6-01 10-6-02 ）。

10-6-01　main.css

```css
#app {
  margin: 0 auto;
  width: 20em;
}

.actions {
  margin-top: 5px;
  text-align: right;
}
```

10-6-02　index.html

```html
...
<head>
  <title>クイズゲーム</title>
  <link href="./main.css" rel="stylesheet">
</head>
...
```

完成！

長いステップを完走お疲れ様でした！

一つのアプリケーションとしてAJAXで取得したデータを元に情報を構築して、動的な画面操作をDOMを利用して行い、データを使った計算も含んだ内容をES6で記述しています。

もしかするとこのステップを進める過程で新たに疑問点や不明点が出てきているかもしれま

せんが、各技術要素についてはこれまでのステップで解説した内容を使っているので、該当する部分へ戻って確認していただければ幸いです。

　また、完成の度にお伝えしている通り、動くものを手に入れた今がチャンスなので、ぜひご自身の考えで改造してみてください。例えば以下のような改修はどうでしょうか。

- 今何問目かが画面に表示される。
- 制限時間をコンストラクタで与えて、変えられるようにする。
- levelだけではなく、ジャンルを選択することもできるようにする。
- 複数回ゲームで遊んだ時に、過去のゲームの正解率が終了画面に表形式で表示される。
- 難易度によって、制限時間の長さが変わる。
- 難易度ごとに別のJSONを用意して、アプリケーションの開始時に複数のJSONを取得するようにする。

おしまいに

本ステップではこれまで学習したDOM操作やAJAX、ES6の文法などを駆使してSingle Page Application（SPAと呼ばれます）を作成しました。コードの質としても各メソッドに機能を分け、全体としては一つのクラスにまとまっており、取り回しがしやすいように仕上がっているはずです。

また、一度完成してからご自身で改造していく中で、デバッグの方法やエラーへの対処なども経験されてきたと思います。本に書いてある正解を写すよりも、このような「自発的な体験」によって自身の血肉になります。もしもこれまで改造を飛ばしてきている方がいらしたら、ぜひ前のステップを確認して自分なりのコード追加を試みてください。そしてエラーで痛い目を見ながら、その対応方法を学び、身に付けていってください。

その上で本ステップの内容を調べながらでも完遂することができるようであれば、JavaScriptの言語の部分においては初心者を脱していると考えて良いでしょう。

APPENDIX

付録 A コードがうまく動かない時・デバッグについて

はじめに

コードを書いて一発で思った通りに動かすのは私たち経験者でもなかなか難しいことです。ある時にはたった1文字の入れ忘れ、英単語の綴り間違い、必要な設定の入れ忘れなど、様々なシーンで「思った通りに動かない」ことを体験します。何度リロードしても画面にエラーの文字が出続けたり、ログに赤い文字がたくさん並ぶようなこともしょっちゅうです。

ここではそういう際に立ち向かう方法や考え方をまとめてみました。本書を進める途中、書いてあるものを真似しているだけでもうまく動かないことがあると思います。その時には写し間違いを一文字一文字確認するよりも、これからお伝えするようなことを試していただく方がきっと皆さんの成長に役立ちます。

前半では具体的なツールや方法についてお伝えし、後半ではこれらを使う際の考え方やアプローチについて述べていきます。

A 1 エラーメッセージ、スタックトレース

◯ ログチェックは基本中の基本。必ずチェック。

ブラウザ上のJavaScriptであれば、開発者ツールのConsoleタブをチェックするのは必須です。これは他の言語などでも言えることですが、ログをチェックするのは不具合対応の基本中の基本です。

最初の頃は適切な場所にログを入れることができない場合もあるかもしれません。そのような場合は不安な箇所に積極的にログを入れてみて、確認していくのも良いでしょう。不要になったら後で消せば良いですよね。

◯ スタックトレースの見方

多くの不具合では、エラーの発生箇所がスタックトレースとして出ている場合がほとんどです。このスタックトレースの見方を確認しておきましょう。慣れないうちは「長い英語がよく

わからない形式で出てきて怖い」と思う方もいるかもしれませんが、スタックトレースからわかる情報も多いので味方にすると苦しい時間が減らせます。

```
⊗ ▶Uncaught TypeError: Cannot read properties of undefined (reading 'style')
      at stopWatch (main.js:14)
      at main.js:50
  ❯ |
```

スタックトレース

内容を拾ってみると以下のように様々な情報が詰まっています。

- エラーの概要やエラー型「Uncaught TypeError」
- エラーメッセージ「Cannot read properties of undefined (reading 'style')」
- エラーの起きたファイル、行番号、関数名（main.jsの14行目、stopWatch関数内）
- 投げられた例外が捕まえられるまでに辿ったファイルと行番号（main.jsの50行目）

例えば今回の例ですと、CatchされなかったTypeErrorが発生していること[1]、具体的には「undefinedにおけるstyleプロパティが読めなかった」という状況がmain.jsの14行目で発生していることが読み取れます。main.jsの14行目に辿り着くまでにはmain.jsの50行目が呼ばれているようです。

◯ エラーメッセージの扱い

エラーメッセージから問題解決をしていく際には、次のようなポイントに注意していくと良いでしょう。

- メッセージをよく読み、その内容を理解する。英語を翻訳すること。
- メッセージはあくまでエラーが起きた箇所を示している。実際の根本的な原因がその場所でないことはよくあるので、どういう経緯でその結果になったのかを逆算、推測していくこと。

逆算や推測の例としては、先のスタックトレースで考えると「undefinedにおけるstyleプロパティが読めなかった」→「undefinedの変数に対して.styleをコールしている可能性が高い」というような推測ができます。

さらに続けて「main.jsの14行目でstyleにアクセスしている変数がundefinedになってい

※1　詳しくはステップ7の例外の解説をご覧ください。

257

る原因はあるか？」と推測を続けていくことが大切です。

エラーメッセージは怖くない。強い味方。

あるところで最近聞いた話に「エラーメッセージが出て怒られるのが怖い」という言葉がありました。コードの書き方を間違えた時にダメだダメだと否定されるので嫌な気持ちになり、怖がってしまうということのようです。皆さんにもそういった経験があるでしょうか。

ですが、エラーメッセージはうまく動かないことを積極的に知らせてくれる大変ありがたい代物です。エラーが出ることは当然と考えて、仲良く付き合っていくことがコードを書く上で大切なスタンスです。

● エラーメッセージでよく出てくる英語表現

エラーメッセージでよく出てくる英語がある程度理解できていると、内容の推測が素早くできます。いわゆる技術英語のため日常会話の解釈とは別の解釈のケースもあるので、確認しておきましょう。

よくある表現

表現	備考
Illegal xxx	何かのルールに違反している時
Unexpected xxx	予期しない何か。コードの書き間違いなどでよく見かける
Undefined xxx	定義されていない変数や関数など。nullやundefinedの変数にアクセスした場合などにもよく出る
Uncaught xxx	発生した例外がcatchされなかった場合
Invalid	無効な何かへの操作
xxx not found	指定されているファイルやディレクトリがないケースなど、見当たらない場合
Permission Denied	権限に違反。ファイルの権限の文脈でよく見かける

● 検索の活用

エラーメッセージは質問サイトなどにもしばしば投稿されて、解決方法を提示されている場合があります。そのため、エラーメッセージそのもので検索を行い、ヒットした内容を見るというのも有効な手段の一つです。

また、昨今では日本語の検索の結果に誤りの含まれていることが多くなっている場合があります。英語を読むことが苦手でない方は、検索時のターゲット言語を英語にすると適切な結果

に辿り着ける可能性が上がります。コードを書いていく上でも最新情報は英語で提供されることがほとんどなので、英語に親しんで読むことへの抵抗をなくしていくのはとても良いアプローチです。

▶ 注意してチェックすると良い Web ページ

筆者の場合には以下のような Web ページが出てくるとよくチェックします。参考にしていただければ幸いです。

- エラーメッセージの内容に満足にヒットしたページ
- Stack Overflow（英語版）※2
- 外部ライブラリに関係する場合には、そのライブラリの GitHub の Issue など

また、ヒットした内容が正しいかどうかは実際に確かめないとわからないので、得た情報を試行してその結果から次の課題に対応していくサイクルを取ります。

A 2 ブレークポイントの活用

ここで紹介するブレークポイントは、私たちが指導する際にも「もっと早く知りたかった」とよく言われる大変便利なものです。

ブレークポイントを端的に表現すると「コードの実行を途中で止め、その時の変数の内容を確認したり、コール・スタック（関数の呼び出され順）を見たりすることができる機能」と言えるでしょう。外部ツールから提供されるので、プリント・デバッグのように追加コードを書くことなく利用できるのも利点です。

実行を止めたコードを少しずつ実行する「ステップ実行」の機能もあり、コードの流れを追いたい場合には特に重宝します。ループの繰り返しがあまりに多いケースなどは利用しにくい場合もあるので、プリント・デバッグと状況によって使い分けると良いですね。

ブレークポイントの機能は他の言語や環境でも利用できることが多いです。新しい環境でコードを書く際にも導入するとデバッグがはかどるようになるでしょう。

以下ではブラウザの開発者ツールを利用したブレークポイントを確認していきます。

※2 Stack Overflow https://stackoverflow.com

ブレークポイントを仕掛ける

　ブレークポイントを利用するためには準備が必要です。開発者ツールを開いた上で、Sourcesタブ（①）を選択します。左サイドバーにソースコードが表示されるので、どのファイルに仕掛けるかを選択しましょう。今回はmain.jsを選択しました（②）。選択すると中央のウィンドウにコードが表示されるので、止めたいファイルの行番号を選択します（③）。

　今回はステップ1のコードのaddMessageの動作を確認する想定で、4行目に仕掛けています。

　これで準備が整いました。仕掛けたブレークポイントはリロードしても残っているので、アプリケーションの状態を戻したい場合にはリロードすれば大丈夫です。

ブレークポイントを仕掛ける

ブレークポイントで停止する

　準備ができたら実際にアプリケーションを実行します。スタートボタンを押下すると、画面が薄いグレーで覆われた上で動作が停止します。この時ブレークポイントを仕掛けた行でソースコードの実行は止まり、その行がハイライトされています（①）。

　右サイドバーにはいくつか表示領域がありますが、Scopeの領域（②）とCall Stackの領域（③）は特に利用することが多いでしょう。Scopeの領域ではローカル変数やクロージャによって束縛された変数などを一覧表示してくれているので、それぞれの詳細を確認できます。Call Stackの領域では今のコードに至るまでどのように関数が実行されてきたかを確認できます。

ブレークポイントによるコードの停止

4 で示したメニューではステップ実行を操作することができます。下図の4つのボタンは日常的によく利用するでしょう。

ステップ実行パネル

❶ ステップ実行を解除して、通常の実行をします。次のブレークポイントにヒットすればそこで改めて停止します。

❷ 呼び出している関数の中には入らずに、1ステップ実行します。同じ関数の中でステップを追うことができるという結果になります。

❸ 呼び出している関数の中に入りつつ、1ステップ実行します。

❹ 今の関数を脱出して呼び出し元へ戻ります。

Scopeの領域を確認することで変数の変化を追跡し、想定外の内容にならないかを見ていくなどすると効果的に活用できます。

コードの中に事前条件のチェックコードを入れることは無駄なデバッグを減らしてくれる可能性が大変高いです。最初の頃イメージしやすいのはnullやundefinedを引数に指定された時の引数チェックでしょうか。

「入れる作業が面倒である」「チェックコードで効率が悪くなる（この手のコードで効率が問題になることはほとんどありません）」というような理由でおざなりにしてしまうことがあるかもしれませんが、複数の箇所から利用される関数や、再利用性の高いライブラリのようなコードを書いている際に入れておくと特に助かります。

さらに関数やクラスを書いた人と、それを利用する人が別の人の場合には「この関数（クラス）は間違った使い方がされている」と明示することができます。これをしないと「クラスや関数を書いた人が対応していないのが悪い」と責任の押し付け合いになるようなことが想像できますね。

上級の方のコードになればなるほど、こういった「自身の書いたコードが前提を満たさないために動作しないことへのケア」を適切に行っている場合が多いです。

この辺りに興味がある方は「契約による設計※3」のような考え方を学習すると、より深い内容に達することができるでしょう。以下、JavaScriptでよく利用できるチェックコードの手法を2点紹介します。

⬤ 例外のthrow

例外についてはステップ7で学習しましたが、この中でthrowを紹介しています。throwはコードの実行が不可能な時に「こういう理由でこのコードを実行できない」と呼び出し元に伝えるための機能なので、チェックコードを入れる場合には大変適しています。

呼び出し元に記述されるコードによってはアプリケーションは正常に続行可能にもなります。

```
function myFunction(arg) {
  if(!arg) {
    throw new Error('arg is required');
  }

  // 実際に動作させたいコードが続く想定
}
```

※3 『オブジェクト指向入門 第2版 原則・コンセプト』（翔泳社）
https://www.shoeisha.co.jp/book/detail/9784798111117
本書の読者にはまだ難しいかもしれませんが、将来的な学習の参考にしてください。

開発者ツールのConsoleタブに上記の関数を貼り付けて、引数がない状態で実行すると以下のように例外が発生し、「引数が必要である」と関数を利用した人に伝えることができます。

```
> function myFunction(arg) {
  if(!arg) {
  throw new Error('arg is required');
  }
  // 実際に動作させたいコードが続く想定
  }
< undefined
> myFunction()
⊗ ▶Uncaught Error: arg is required
      at myFunction (<anonymous>:3:7)
      at <anonymous>:1:1
>
```

Uncaught Errorが表示される

ここでは if(!arg) { } という表現を使いましたが、0やfalseなど偽と判断される値には注意する必要があります。その場合には手間がかかっても厳密に以下のように示す方が良いでしょう。ここで利用している厳密等価演算子（===）についてはステップ4をご覧ください。

```
if(arg === undefined || arg === null) { ... }
```

assertの指定

JavaScriptの場合には、console.assert※4という関数を使ってチェックコードを実現できます。assertの仕組みは「特定の条件を満たしていない場合のコード実行の停止」です。例外よりもシンプルにコードの実行条件を満たしていないことを知らせることができます。

```
console.assert([ この部分の評価が偽になると停止 ], [ コードを止めた際に表示するメッセージ ])
```

console.assertは上記のように、第一引数で評価を行い、第二引数では止めた際に表示するメッセージを指定して動作させます。サンプルコードを見てみましょう。

※4 Console.assert() https://developer.mozilla.org/ja/docs/Web/API/console/assert

```
function myFunction(arg) {
  console.assert(arg, 'arg is required');

  // 実際に動作させたいコードが続く想定
}
```

```
> function myFunction(arg) {
  console.assert(arg, 'arg is required');
  // 実際に動作させたいコードが続く想定
  }
< undefined
> myFunction()
⊗ ▼Assertion failed: arg is required
    myFunction @ VM58:2
    (anonymous) @ VM73:1
```

Assertion failed が表示される

A 4 デバッグのアプローチ

　ここまで様々な具体的な道具についてお伝えしてきましたが、「実際にその道具を使ってどのように突き止めるか」という方針についても少し記述します。

　複雑なものを開発し始めるとわかりますが「無闇に時間をかけても解決できないような問題」が発生することがあります。コードの規模が小さなうちは「なんとなく」「勘で」コードを変えたらたまたま動くということもありますが、規模が大きく複雑になると、そういったやり方での解決は難しくなります。

　本項では様々なケースに立ち向かえるようなポイントをお伝えします。ここに書かれていることは、大抵が**急がば回れ**という心持ちで対応することを求めています。焦らず論理的に追い詰めるイメージです。

⦿ メカニズムを理解する

　内容を理解せずにコードを書いている場合には、大抵の問題解決が困難になります。焦るとこのようなポイントをおろそかにしてしまうことがよくありますが、まず足元を確認して進むのが解決への近道です。

- そもそもどのような仕組みのコードを書いているかを理解する。
- 発生する不具合に法則はないのかを見極める。

◯ 疑う場所を間違えない

何も考えずにトライ・アンド・エラーをしても、全く関係ないところをいじっていては解決に近づきません。以下のような点を押さえると「どこが疑わしいか」が見えてくるでしょう。

- 言語や利用しているライブラリのバグであるようなことは稀。基本的には**自分が書いたコードに何か誤りがある**と考える。
- 「期待通り動作しているはず」と思い込まず、「期待通り動いているか」確かめる。
- 今まで正常に動いていたなら、たった今書いたコードに問題がある可能性が高い。
- デバッグを続ける中で解決すべきポイントを見失ってしまうケースがあるため、定期的に課題とアプローチの見直しをする。

◯ 追い詰めるイメージ

なかなか手がかりが掴めない場合に、端から全てのコードを確認すると大変な時間がかかってしまいます。効果的に絞り込んでいく手法を取ることが必要です。

✳ バグの追い詰め

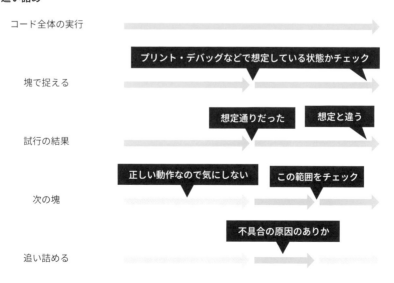

コード全体の実行

塊で捉える　　プリント・デバッグなどで想定している状態かチェック

試行の結果　　想定通りだった　想定と違う

次の塊　　正しい動作なので気にしない　この範囲をチェック

追い詰める　　不具合の原因のありか

ポイントを確認すると以下のようなイメージでしょうか。

● 最初は大きい塊で捉えて、徐々に絞り込む（関数が適切に作成されているとやりやすくなる）。
● 「ここまでは想定通り」という楔を打ち、正しい動作の箇所はデバッグ対象から外していく。
● デバッグ範囲を絞り切ったところに不具合がある可能性が高い。

◯ よく確認するポイント

ケアレスなミスを除けば、大抵の不具合は変数の値の想定外の状態によるものでしょう。例えば次のような箇所の変数の値を確認することは大変多いです。

● 重要なロジックの前後での変数の値
● ある関数を呼び出す際の引数の値
● 繰り返し処理の中の変数の値の変化

A 5 不具合の傾向と対策

そもそも想定通り動いていない場合のコードの状態を把握することは、「どの道具を使うか」を選択する上でも大切な考え方になるでしょう。エラー対応の概要を以下の図にしてみました。この後はこの図をイメージしながら読み進めてください。

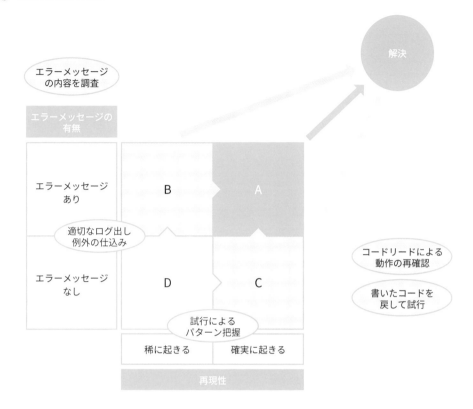

　図の左下は「エラーメッセージの有無」「再現性」を2軸にしたマトリクスです。おそらく大抵はA／B／C／Dの4象限のどこかに位置するでしょう。エラー対応のしやすさはこの図の中でいかに右上の象限へ移動するかが鍵となってきます。Aの象限にいるならば、最も早く解決できる可能性が高く、次いでC、B、最も困難なのはDです。

　この後は2軸をそれぞれ確認していきます。

○ エラーメッセージの有無

▶ エラーメッセージが表示されている

　「エラーメッセージが出ている」場合、それだけで最悪の状態からは脱しています。不具合の原因がエラー箇所とは限りませんが、そこに関連した箇所に誤りがあるはずなので、エラーメッセージやスタックトレースからそれを探ることになるでしょう。

　また、前述のようにエラーメッセージがズバリの原因を指し示していないケースがあるので、そこから推測する必要もあります。

▶ エラーメッセージが表示されていない

エラーメッセージは出ていないが「うまく動いていない」という時にはおそらく「エラーにはならないが想定した動作にならない」ということだと思います。この場合は苦戦することがあります。

手がかりがないのは困るので、エラーメッセージでなくともログを出せると解決する助けになります。関係する変数をログとして出力して中身を確認できるようにしていくと良いでしょう。エラーメッセージとしては確認できないかもしれませんが、何が起きているのかを把握することは大切です。変数の中身が想定外の値になっていないかを確認していきます。

また「この場合に処理してはいけない」という条件を見つけてチェックコードを仕掛けておくのも良い方法です。プログラムが途中で止まりエラーメッセージが表示されるため、一歩前進することができます。

◯ 再現性

▶ 100%必ず起こる

特定の操作手順を行った場合に必ず起こるならば、対応はやりやすいですね。操作手順で動くコードのどこかで想定外の動作になっていることが明らかだからです。この場合には先のエラーメッセージを見るなどの方法で追い詰めていくことになるでしょう。

▶ 起こる時と起こらない時がある

この場合にはさらに2パターン考えられます。

- 本当は特定の操作で100%起こるけれども、まだその操作がわからない
- システムの時刻や状態などアプリケーション外の要因で、本当にランダムで起こる

前者の場合には、まずどういう操作で100%起こせるのかを試行してみるのが良いと思います。おそらく特定の変数が関係することが多いので、先に提示したログの仕込みをしておくと状態が把握できるため、事前にやっておきましょう。再現方法さえわかれば（再現性100%にできたので）ログやエラーメッセージの把握を進めていきます。

後者の場合には困難になることが多いですが、もしもその条件さえわかればかなりやりやすくなります。例えばシステムの時刻に関係するものであっても、特定の変数に入れて利用しているはずで、その情報を一時的に固定することは可能でしょう。

例えば元日の午前0時にだけ不具合が発生するようなことがわかっているならば、以下のような形で変数の内容を一時的に固定することで確実に再現させることができます。環境変数を利用するなど、より扱いやすい形はあると思いますが、基本的な考え方は同様です。

```
// const now = new Date();
const now = new Date(2021, 1, 1); // 1月1日に固定
```

　また、こういった特殊なケースは自動テストを学ぶと扱いやすくなるので、今後の学習時に役に立てていただくと良いでしょう。

⬤ 見つけにくいバグを炙り出す

　Dの象限のように複数の条件で難しいケースや、そもそも原因が複数ある場合にはバグを発見するのが難しいことがあります。そういう場合には以下のようなことを考えて動作させてみると良いでしょう。

- 同じボタンを連続で押したり、想定順序と違う順序で操作するなど、当然ではない「意地悪な動かし方」をする。
- ログは色々と出しておくとより見つけやすい。

おしまいに

実は本章に書かれているような道具の使い方や考え方は、コードを書き始めた最初の段階から大変重要な内容です。特にブレークポイントやステップ実行については私たちが初学者の方に指導する際にも「もっと早く知りたかった」と頻繁に言われます。教えられないとなかなか気づけないことの代表格ではないでしょうか。

これらの内容は書籍の主題にはなりにくく、読者の方々が挫折してしまう原因の多くは「書籍通りに書いたはずなのに、エラーが出て（悪い時にはエラーも出ずに）進めることができない」という状況かと思います。そういった際にこの付録を思い出して取り組んでいただき、ぜひ書籍の内容を完遂していただければ幸いです。

付録 B 知っておくべき知識

はじめに

本書で主題にしている「JavaScript言語を身に付け、ブラウザ上で動く機能を自信を持って作り出せるようになること」という内容は各ステップを進めることで達成いただけると思います。

しかし、実際にシステムを開発する上で知っておきたいことは他にも存在しています。JavaScriptの初心者を脱した方はここでお伝えする内容をある程度は理解できているべきと考え、紹介しています。紙面を多くは割いていないので、ここから広げて学んでいただきたいです。

本節では以下のようなトピックを取り上げます。

- セキュリティ
- Single Page Application（SPA）
- フレームワーク・ライブラリ
- Webpack
- 繰り返しにまつわるコードの技巧

B 1 セキュリティ

◯ セキュリティは無視できないトピックです

　ソフトウェアを作成してたくさんの人に使ってもらう際、セキュリティに関して考えなくてはならないことは多いです。システムを公開する際には悪意を持った第三者の存在を考えて、正規のユーザの情報を適切に守っていかなくてはなりません。

　全ての内容を本書で事細かに説明していくのは紙面の都合上難しいので、詳しいことはIPA

から公開されている「安全なウェブサイトの作り方」[1]などを参考にして、適切な知識を学んでいただければと考えています。

Webのシステム開発でよく取り上げられる内容

特にWebのシステム開発の文脈においてよくある脆弱性の攻撃や対応として出てくるのは以下の3つのトピックです。

- SQLインジェクション
- クロスサイト・スクリプティング（XSS）
- クロスサイト・リクエスト・フォージェリ（CSRF）

ここではブラウザ上のJavaScriptを書く上で重要なクロスサイト・スクリプティング（XSS）について学習します。

XSS：悪意を持ったスクリプトを自分のブラウザで動かされることは危険

この話の前提として以下のような基礎知識が必要なので、不安な方は別途学習してください。

- Cookie
- セッション（ログイン状態の維持のためのセッションのこと。類似の言葉が多いので注意）

XSSの危険性を理解するには、「悪意のある第三者の書いたJavaScriptのコードが自分のブラウザで動くことの危険性」を理解することが近道です。

※1 「安全なウェブサイトの作り方」
　　 https://www.ipa.go.jp/security/vuln/websecurity.html

● 悪意のある第三者の JavaScript コードの危険性

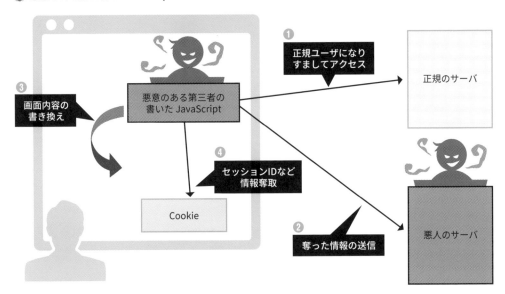

❶ JavaScriptはログインしているユーザのセッションで動作するので、ログインした正規ユーザのフリをすることが可能です。それにより本来正規ユーザしか見ることができないはずの、サーバ側の大切な情報（個人情報など）にアクセスすることができる可能性があります。

❷ AJAXのコードなどをブラウザで実行することで、取得した大切な情報を別のサーバへ送信することができます。

❸ DOM操作を行って、ユーザの見ている画面を書き換えてしまい、個人情報を入力させたり、別の悪意あるサイトへ誘導することができます。

❹ JavaScriptからクッキー内のセッションIDを取得できる場合があるため、セッションIDを盗み取られる可能性があります。セッションIDを盗まれると悪意のある第三者が正規ユーザのフリをしてシステムにログインして操作することができてしまいます。

　以上のようなことから正規ユーザの大きな不利益になる可能性が高く、大変危険であると言えます。これを踏まえて次へ進みましょう。

○ XSS：どのように起こるのか

　HTML上に想定外のscriptタグを埋め込んだり、JavaScriptのロジック内にスクリプトの断片を割り込ませるなどでXSSを起こします。
　これを引き起こすのに、次のようないくつかのパターンがあり、攻撃する側はこのような脆

弱性を探って攻撃を行うと理解してください。

> a. 先にデータベースに不正なスクリプトをシステムに保存させることで、正規のユーザの画面上で不正なスクリプトを発動させる。
> b. URLやリクエストパラメータをJavaScriptで取得してDOMに埋め込んでいる場合に、リクエストパラメータの内容に不正なスクリプトを入れることで発動させる。

a.はサーバ側での対応が主になってしまうので割愛しますが、b.のケースはフロントエンドのJavaScriptの不備で引き起こされる内容です。b.は、例えば以下のような形でtitleというリクエストパラメータの内容をそのままDOM操作で画面に埋め込んでいる場合は危険です。

http://example.com?title=MyTitle

```
<h1>MyTitle</h1><!-- titleパラメータの値をそのまま入れる --->
```

この時、攻撃者は以下のようなことを行ってきます。titleパラメータにscriptタグの文字列を入れて、画面内に想定していないscriptタグを埋め込ませるのです。

http://example.com?title=<script>[攻撃スクリプト]</script>
（実際にはURLエンコード処理などされます）

```
<h1><script>[攻撃スクリプト]</script></h1>
```

つまり、<script>タグを外から入れられてしまい、URLを開いた人の画面で攻撃スクリプトを動かされることになります。後はこのURLをメールで送って開かせるなり、どこかの掲示板に貼り付けるなどしてクリックさせてくるでしょう。

この例の場合には「外部から渡された<script>の文字列がタグとして動作してしまうこと」が脆弱性の原因となります。

● XSS：対策としてどのようなことを行うのか

「DOM操作をする場合、不正な入力の可能性があるテキストをエスケープしてから埋め込む」

根本的にはこの解決が有効です。エスケープ対象は「<」や「>」など、HTML上で特殊な意味を持つ文字列群に適用します。

HTML上で特殊な意味を持つ文字

HTML上の特殊文字	エスケープしたもの
&	&amp;
<	&lt;
>	&gt;
"	&quot;
'	&#39

また、innerTextメソッドにはテキストをエスケープする機能も備わっているので、安易に innerHTMLを利用することを避けると適切に対応できるでしょう。下記のように、innerText でテキストを設定した結果を確認するとエスケープされていることがわかります。

```
const elm = document.createElement('div');
elm.innerText = '<script>alert("test")</script>';
console.log(elm.innerHTML); // => &lt;script&gt;alert("test")&lt;/script&gt;
```

● 難しいし、面倒であると感じた方

その感覚はよくわかります。まずメカニズムを把握することが大変であることが多く、その対応として大抵どこかで泥臭い決めごとや「気をつけるべきこと」が入ってしまいます。

こういった苦労はフレームワークなどを利用することで軽減することができますが、どうしてもフレームワークだけでフォローし切れない場合はあり、そのためにも学習して理解していく必要があります。

B　2　Single Page Application（SPA）

JavaScriptは長いこと「HTMLで表示された画面にちょっとした演出を加える」ような画面表示における「おまけ」のポジションでした。昨今はこの状況に変化が起こっており、画面の描画や画面遷移の大部分をJavaScriptとAJAXを駆使して行うことで、通常の画面遷移をしないアプリケーションが増えてきています。

このようなアプリケーションをSingle Page Application（SPA）と呼びます。最初にアクセスして画面描画を行った後、ページ全体をリフレッシュすることなく動作するので、通信量が減り快適に動かせることが多いです。

本書の中だと、ステップ10で作成したクイズアプリケーションはSPAで動作するアプリ

ケーションであると考えて良いでしょう。その他のステップで作成したアプリケーションは画面の一部に固定で貼り付いていることをイメージされているものが多く、一般に言うSPAではなくUI部品のように扱われることが多いと思います。

　SPAと対比して通常の画面遷移をするアプリケーションをMulti Page Application（MPA）と呼ぶこともあります。

B 3 　フレームワーク・ライブラリ

　ブラウザ上のJavaScriptのフレームワークは10年ほどの間に様々なものが流行り廃りを繰り返しています。本書執筆時点（2021年）は比較的落ち着いた時期だと考えられます。主にSPAを実現する目的で導入されることが多く、仕事の現場ではReact、Vue.jsの二つを見かけることが多いでしょう。

　ただし「SPAなど必要とせず、フロントエンドに特別なフレームワークを導入する程のこともないシステム」は今も昔も数多く存在するため、その場合には本書で学んだように素のJavaScript（バニラJSと呼称されることがあります）や以前DOM操作の主流だったjQueryで実装することも多いと理解しておいてください。

　システムは古いものがいきなりなくなってしまうことはなく、新しいものが出ても古いライブラリや考え方が残り続けます。その意味でもバニラJSでのDOM操作やjQueryなどの知識を現場で求められることはあります。

B 4 　Webpack

　Webpack[2]は「モジュールバンドラ」と呼ばれるツールの一つです。本来の目的としては「複数のJavaScriptやリソースを一つのファイルにまとめる（バンドルする）ツール」です。

　ステップ9で学んだトランスパイルには複数の実現方法があります。多くの場合はモジュールバンドラを用いてバンドルする処理の途中で行われます。ここでは簡単に、Webpack経由でのトランスパイルを紹介しておきます。

　Webpackのようなモジュールバンドラはいくつも提供されています。参加するプロジェクトなどによって別のものを利用していることも多いでしょう。概念を理解しておくと別のツールを利用していても対応しやすいはずです。

※2　Webpack https://webpack.js.org/

⬤ 動作検証環境

環境としてはステップ9で構築したNode.jsとnpmのバージョンを想定しています。

- Node.js: v14.7.0
- npm: v6.14.7
- Webpack: v5.38.1

⬤ ステップ9のコードをWebpackを使ってES5にする

▶コード
ソースコードは以下のURLにあります。動作確認の参考にしてください。

`DEMO` https://github.com/CircleAround/step-up-javascript/tree/main/step9_
webpack

▶手順
以下のようなコマンド操作を順に行って、WebpackとBabelの環境を用意します。内容の基本はステップ5で扱ったものなので、もしも不安がある場合にはそちらをご覧ください。

1. package.jsonの作成

```
$ npm init
```

2. パッケージのインストール

```
$ npm install --save-dev webpack webpack-cli @babel/core @babel/➡
preset-env babel-loader
```

ここで利用したパッケージとその用途は次の表のようになります。

パッケージと用途

パッケージ名	用途
webpack	Webpack本体のパッケージ
webpack-cli	コマンドライン上からWebpackを利用するためのパッケージ
@babel/core	Babel本体のパッケージ
@babel/preset-env	Babelによるトランスパイル時のコード変換処理を集約したパッケージ
babel-loader	WebpackからBabelを利用するためのパッケージ

3. Webpackの設定ファイル作成

ここでは「ES6で書かれたJavaScriptをES5に変換する」というゴールを実現する設定を入れています（リスト B-4-01 ）。

B-4-01   **webpack.config.js**

```
module.exports = {
  mode: 'development',
  entry: './input.js',
  output: {
    filename: 'output.js'
  },
  module: {
    rules: [
      {
        use: {
          loader: 'babel-loader',
          options: {
            presets: [
              ['@babel/preset-env']
            ]
          }
        }
      }
    ]
  },
  target: ['web', 'es5']
}
```

各設定項目は以下のような意味になります。

設定項目の意味

設定項目	意味
mode	Webpackの動作モードを指定します。多くの場合、設定値は'development'か'production'になります。modeによってWebpackの挙動が変わります。今回はWebpackの動作確認が目的なので'development'を指定しています。
entry	Webpackによるコード解析の起点となる情報を指定します。今回のケースではトランスパイル対象のファイルを指定する項目という理解で良いでしょう。
output	Webpackの解析結果をどのように出力するのかを指定します。今回はトランスパイルしたファイルをoutput.jsというファイル名で出力するように指定しています。
module	Webpackの処理中にどのような変換処理をさせるのかを指定します。今回のケースではBabelの読み込み方法とトランスパイル時のプリセットを指定し、これがinput.jsで読み込んだJavaScriptに対して適用できるようにしています。
target	Webpackでの処理により出力されるコードがどの環境に向けたものかを指定します。今回はWebブラウザ環境で動作するコードであることを明記しています。また、ここでes5と記載することで処理後のコードがES5のシンタックスで出力されます。

4. トランスパイル

ステップ9のファイルをトランスパイルします。npxというコマンドを利用すると、ローカルインストールされたパッケージが提供しているコマンドを呼び出すことができます。

```
$ npx webpack
```

トランスパイル後には、distというフォルダの下にoutput.jsというファイル名で結果の内容が出力されます（出力先フォルダの指定を省略すると"dist"フォルダへ出力されます）（リスト **B-4-02** ）。このファイルの中身はES5のシンタックスで表現されます。16行目の内容が変換後の内容の中心になる箇所です。クラスやアロー関数なしに実現されています。

B-4-02　output.js

```
/*
 * ATTENTION: The "eval" devtool has been used (maybe by default in mode: ⇒
"development").
 * This devtool is neither made for production nor for readable output files.
 * It uses "eval()" calls to create a separate source file in the browser ⇒
devtools.
 * If you are trying to read the output file, select a different devtool ⇒
(https://webpack.js.org/configuration/devtool/)
 * or disable the default devtool with "devtool: false".
```

```
 * If you are looking for production-ready output files, see mode: ➡
"production" (https://webpack.js.org/configuration/mode/).
 */
/******/ (() => { // webpackBootstrap
/******/   var __webpack_modules__ = ({
/***/ "./input.js":
/*!******************!*\
  !*** ./input.js ***!
  \******************/
/***/ (() => {
eval("function _classCallCheck(instance, Constructor) { if (!(instance ➡
instanceof Constructor)) { throw new TypeError(\"Cannot call a class as a ➡
function\"); } }\n\nvar App = function App() {\n  _classCallCheck(this, App); ➡
\n\n  console.log('クラスを使ってるよ');\n};\n\nvar func = function func() {\n  ➡
console.log('アロー関数を使ってるよ');\n};\n\nnew App();\nfunc();\n\n ➡
//# sourceURL=webpack://webpack_babel_test/./input.js?");
/***/ })
/******/   });
/************************************************************************/
/******/
/******/   // startup
/******/   // Load entry module and return exports
/******/   // This entry module can't be inlined because the eval devtool is ➡
used.
/******/   var __webpack_exports__ = {};
/******/   __webpack_modules__["./input.js"]();
/******/
/******/ })()
;
```

● ステップ10のコードをWebpackを使ってES5にする

ステップ10で作成したアプリケーションをES5に変換する流れを見てみましょう。規模が大きくなっても基本的な内容は変わりません。

動作するコードを以下に配置しましたので参考にしてください。

DEMO https://github.com/CircleAround/step-up-javascript/tree/main/
step10_webpack

package.jsonの作成はステップ9と同様に進めます。

パッケージのインストール、webpack.config.jsとindex.htmlの変更は以下のようにすると良いでしょう（リスト B-4-03 B-4-04 ）。

パッケージのインストール

```
$ npm install --save-dev webpack webpack-cli @babel/core @babel/➡
preset-env babel-loader @babel/polyfill
```

B-4-03	webpack.config.js

```js
module.exports = {
  mode: 'development',
  entry: ['@babel/polyfill', './main.js'],
  module: {
    rules: [
      {
        use: {
          loader: 'babel-loader',
          options: {
            presets: [
              ['@babel/preset-env']
            ]
          }
        }
      }
    ]
  },
  target: ['web', 'es5']
}
```

出力されるJavaScriptのパスは./dist/main.jsになります。

B-4-04	index.html

```html
<!DOCTYPE html>
<html lang="ja">
...
<body>
  ...
  <script src="./dist/main.js"></script>
</body>
</html>
```

JavaScriptの読み込みを./dist/main.jsに変更して、トランスパイルしたファイルを読み込んでいます。

プログラムの中で繰り返しを行いたい場合にforを利用することは多いと思います。しかし無造作にforを多用しているコードは読みにくくなる傾向があります。

forよりも意味づけをなされた繰り返しのメソッドや記法が存在しているので、それらを活用することでforばかり使っていくよりも短く、意図が伝わりやすいコードになることも多いです。ここではforの良い代替となるコードについて確認しましょう。

map／filter／findなど配列にあるメソッドの活用

配列には「内部的には繰り返しを用いる概念ではあるが、より抽象的な意味づけをしたメソッド」があります。表題のmapやfilterはその例です。この他にもあるので、MDNなどで配列に備わっているメソッドを確認すると良いでしょう[3]。

大抵は引数として関数を取り、「どのような演算を加えるか」「どのような条件で動作させるか」などを示すことが多いです。

▶ map
配列の各要素に同じ演算を加えて、変換された配列を新たに作ります。下記の場合には、各要素に2を掛け算するという処理を加えました。

```
[1, 2, 3].map((item) => { return item * 2 }) // => [2, 4, 6]
```

▶ filter
配列の各要素から、条件に合致するものを取り出した配列を新たに作ります。下記の場合には、2より大きな値を取り出しています。

```
[1, 2, 3].filter((item) => { return item > 2 }) // => [3]
```

※3 Array https://developer.mozilla.org/ja/docs/Web/JavaScript/Reference/Global_Objects/Array

▶ find

配列の各要素から、条件に合致するものを一つ取り出します。下記の場合には、2以上という条件で探したので、2を見つけた時点で値が返ります（3は条件に一致はしますが探索されません）。

```
[1, 2, 3].find((item) => { return item >= 2 }) // => 2
```

▶ forEach

配列から一つずつ要素を取り出します。通常の for と同様の動作になります。繰り返し処理の部分が関数スコープになるので、スコープが閉じているのが for よりも優れている点です。ブロックスコープが主流になる今後はこの価値は薄れ、利用は減っていくと思われます。

```
[1, 2, 3].forEach((item, index) => { console.log(item, index) })
```

▶ for … of

配列から要素を一つずつ取り出すような処理を書く場合には、ES6 からは for … of を利用することができます。こちらは配列だけでなく、反復処理プロトコル（繰り返しを一般化するための決めごとです）を実装しているオブジェクトなら利用可能なので、配列だけではなく多くの箇所で利用できる汎用性の高い文です。

◯ おすすめの選び方

「様々な方法がある」ということは、「どれを利用するのか選ばなければならない」ということです。ここでは選択の際の考え方を示しました。参考にしてください。

配列のメソッドの選び方

優先度	記法	諦める時の理由
1	map/filter/find	効率のため、一つのループの中で複数の意味づけの処理を行いたかったり、意味合いがまとめられない場合には次を検討する
2	for … of	インデクスが必要だったり、処理を関数スコープで閉じたい理由があれば次を検討する
3	forEach	配列の要素を繰り返すのではない場合には次を検討する
4	for	-

● 仕様を満たさないコードになるくらいなら泥臭くとも良い

どんなに素晴らしい機能を使って短いコードで書かれていたとしても、仕様通り動いていないプログラムは成果を出せません。逆に、forを泥臭く使っているだけでも適切に仕様通り動くのであればそのプログラムは最低限の価値を提供します。

つまり、まず最低限仕様通り動作することを目指すべきで、ここで示したような「より良いコード」のあり方はその後考えるべきことです。一度適切に動かしてしまった後で、リファクタリングを通して良いコードに変えていくことはできます。世の中には様々な考え方がありますが、仕事でコードを書く際には「仕様を満たす」ことをまず目指すべきでしょう。今回のように多くの情報を受け止めた場合には注意してみてください。

一方で「より良いコード」を求めるのはこの仕事において楽しいことの一つでもあります。価値の提供をしながらより良いコードを書けるよう、お互い精進していきましょう。

おしまいに

ここでは「JavaScript脱初心者」する方に持っていただきたい知識をお伝えしました。もしかしたら本書を読んでいる段階ではまだ明瞭な理解になっていないかもしれません。まず何よりも、こういった概念があることを知ることが大事です。

自身のものにして使いこなすのは、実際のプロジェクトで見かけるなどして改めて調べ、試行錯誤して書いていく中で達成していく必要があります。それを助けるためにも本書に出てきた内容をご自身で調べたり確かめておくことは大変意義があります。

特に業務としてJavaScriptを書こうとされている方には、ぜひ今後の学習のステップにしていただきたいです。

索引

本書内容に関するお問い合わせについて

このたびは翔泳社の書籍をお買い上げいただき、誠にありがとうございます。弊社では、読者の皆様からのお問い合わせに適切に対応させていただくため、以下のガイドラインへのご協力をお願い致しております。下記項目をお読みいただき、手順に従ってお問い合わせください。

●ご質問される前に

弊社Webサイトの「正誤表」をご参照ください。これまでに判明した正誤や追加情報を掲載しています。

正誤表　　　https://www.shoeisha.co.jp/book/errata/

●ご質問方法

弊社Webサイトの「刊行物Q&A」をご利用ください。

刊行物Q&A　　　https://www.shoeisha.co.jp/book/qa/

インターネットをご利用でない場合は、FAXまたは郵便にて、下記"翔泳社 愛読者サービスセンター"までお問い合わせください。
電話でのご質問は、お受けしておりません。

●回答について

回答は、ご質問いただいた手段によってご返事申し上げます。ご質問の内容によっては、回答に数日ないしはそれ以上の期間を要する場合があります。

●ご質問に際してのご注意

本書の対象を越えるもの、記述個所を特定されないもの、また読者固有の環境に起因するご質問等にはお答えできませんので、あらかじめご了承ください。

●郵便物送付先およびFAX番号

送付先住所　　〒160-0006　東京都新宿区舟町5
FAX番号　　　03-5362-3818
宛先　　　　　（株）翔泳社 愛読者サービスセンター

著者紹介

サークルアラウンド株式会社

「コミュニケーションと技術とを武器に数多の人々の成長を促し、ヒトの可能性を広げる」というビジョンのもと、個人／法人に向けたWebプログラミングのトレーニングや受託開発事業を推進している。
YouTubeチャンネル「プログラミング相談オンライン」や「Tech lib（テックリブ）」という技術メディアにて開発技術に関する情報発信も行っている。

佐藤 正志（さとう まさし）

契約社員、客員研究員、フリーランスなど様々な立場で開発現場を経験。
フロントエンド、バックエンドの開発、チームリードやOJTの育成担当まで幅広くこなしてきた。
現在プログラミングトレーニング事業を行うサークルアラウンド株式会社を立ち上げ、経営や現場開発を行いながらOJT経験をもとに後進の育成に励んでいる。

小笠原 寛（おがさわら ひろし）

新卒時に入社したITベンチャー企業にてWebエンジニアとしてBtoB、BtoCサービスの開発に従事する。
その後、フリーランスエンジニアとして独立し、Webサービスの開発を複数担当。
フロントエンドからバックエンドまでWeb開発全般に携わり、現在はサークルアラウンド株式会社にて、エンジニア兼Webプログラミングトレーニングの講師を務めている。
著書に『知識ゼロからのJavaScript入門』（技術評論社）がある。

装丁：宮嶋 章文
組版：株式会社シンクス

ステップアップJavaScript
フロントエンド開発の初級から中級へ進むために

2022年1月14日　初版第1刷発行

著者	サークルアラウンド株式会社、佐藤 正志、小笠原 寛
発行人	佐々木 幹夫
発行所	株式会社 翔泳社（https://www.shoeisha.co.jp）
印刷・製本	株式会社 ワコープラネット

©2022 CircleAround Inc./Masashi Sato/Hiroshi Ogasawara

ISBN978-4-7981-6983-5 Printed in Japan